自我实现、开发潜能、企业员工培训必修课!

高效能人士的
自控训练课

墨 羽◎著

EFFICIENT
CONTROL
TRAINING

修炼自控力
实现自我超越

管得住自己
成得了大事

中国商业出版社

图书在版编目（CIP）数据

高效能人士的自控训练课 / 墨羽著 . -- 北京 : 中国商业出版社, 2018.5

ISBN 978-7-5208-0182-9

Ⅰ . ①高… Ⅱ . ①墨… Ⅲ . ①自我控制–通俗读物 Ⅳ . ①B842.6-49

中国版本图书馆 CIP 数据核字 (2018) 第 016353 号

责任编辑：姜丽君

中国商业出版社出版发行

（100053 北京广安门内报国寺1 号）

010–63180647 www.c–cbook.com

新华书店经销

三河市三佳印刷装订有限公司印刷

*

710×1000毫米　1/16开　17印张　250 千字

2018年5月第1版　2018年5月第1次印刷

定价：39.80元

* * * *

（如有印装质量问题可更换）

| 序言 |

高效能，你也能行

同样是写年终总结报告，当你还毫无头绪的时候，你的同事已经有人写好了；

相差无几的工作量，当你还在挑灯熬夜加班时，你的同事已经有人早早完成去约会了；

一样是准备开会的 PPT 和讲稿，当你焦头烂额着急准备时，你的同事已经有人准备的非常妥当了；

月底数据汇总统计，当你还在对着 123 头晕眼花时，你的同事已经有人统计的清清楚楚下班啦；

任务相同都是撰写公司投标的标书，当你还在翻阅各种资料了解对手情况的时候，你的同事已经有人早已经准备完善在查漏补缺了；

明明一天都是 24 小时，当你感叹一天还没干什么就过去的时候，你身边的高效能人士甚至已经愉快地做完了你三五天才能做完的事项；

……

在小时候被“别人家的孩子”摧残过后，长大了的我们同样要面对“别人效率”的单方面虐杀，这实在是一件令人十分悲愤的事情。

俗话说，“人比人该死，货比货该扔”。为什么我们每个人身边都充斥着“高效能者”？在他们的映衬和对比之下，我们的大脑宛如一个生锈多年的机器，我们的智商被彻底的碾压，我们的自信也被沉重的打击。

灰心之余，我们不禁要问：为什么他们总能干什么都比常人快一步？为什么他们总能轻轻松松完成繁重的工作任务？这一切究竟是为什么呢？

“高效能”顾名思义，即“效率高”，毫不夸张地说，每个人的身边都有一些做事效率超高的人。仔细观察这些“高效能”人士，很容易发现这是一群有着超强自控力的人。哪怕工作多么疲劳，哪怕是加班到很晚，他们依然能够执行自己的锻炼计划；尽管工作任务非常繁重，但他们一旦制订好了工作计划，就会毫不懈怠地“今日事、今日毕”；他们似乎与拖延、懒惰绝缘，总是能时刻保持超高的效率、超旺盛的精力。

其实世界上哪里有什么“捷径”，你必须十分努力，才能看起来毫不费力。这些高效能人士，令人艳羡的“轻松高效率”背后是强大的意志力和自控力。

虽然在这些高效能人士的映衬之下，我们显得“灰头土脸”，不过令人高兴的是，“高效能”并非是天生的，而是通过后天的自控力训练形成的。换句话说，只要你愿意，完全可以不必忍受“高效能人士”效率上的碾压，通过一定的学习和训练你完全可以提升自身的自控力，高效能，你也行！

“自控”，简单来说就是自我控制，但它所包含的内容是非常丰富的，比如情绪、思想、行为等，此外“金无足赤、人无完人”，从心理学角度来说，每一个人的潜意识当中都隐藏着诸多的“弱点”，贪婪、嫉妒、攀比、懒惰、拖延、敷衍、粗心、好逸恶劳……如果没有强大的自控能力，人往往会在不知不觉中沦为“弱点”的奴隶，让人性弱点控制我们的人生。

纵观古今中外的成功人士，无一不有着超强的自控力。很多时候，人生最大的敌人，不是别人，而是自己，只要战胜了自己，便攻无不克、战无不胜。虽然管理自我难，但只要我们下定决心，向与生俱来的人性弱点宣战，就能够成为有力量的人，成为善于控制自己的人！没有自控力，就没有好习惯；没有好习惯，就没有“高效能”！从今天起，重新认识自己，开始训练自己的自控力，相信自控力训练能够改变你的生活。

本书紧扣自我失控的心理成因，有针对性地提出了掌控自己的情绪、思维、行为和心智的方式和方法，全方位开发你的潜能、提升你的自控力。

更加难能可贵的是，本书还分享了很多超级实用的“高效能”技巧，比如微时间管理术，8 小时完成更多工作并不遥远；意志力重建，可谓是意志力薄弱者的福音，只要认真训练，你也能拥有钢铁般的坚强意志；情绪管理，让你不再饱受“情绪失控”的困扰，学会科学的发泄情绪……

相信，本书会给广大希望提高工作效率、成为“高效能人士”的读者们开启一道新世界大门。

目录

从心理学角度来讲，自控既是一个人意志力的外在表现，更是其情绪和智力的外在映射，不管是意志力缺乏，还是情绪智力低下，都不可能拥有强大的自控能力。限于每个人的自控力或者说注意力的能量是有限的，在这样的情况下，我们要学会工作节奏的掌控，做到张弛有度，此外在可以省力的地方，一定要毫不犹豫地节省能量，只有这样才能把“意志力”和“自控力”用到更有价值的事情上。

一个人要想成功，就要对自己狠一点，对自己严格要求，时不时逼一逼自己，让自己不断成长。虽然逼迫自己是一件比较痛苦的事情，但是就结果而言值得我们去做，因为很多成功都是“逼”出来的。

很多时候情绪的好坏直接影响着要做的事情的成败，情绪的重要性不言而喻。情绪是可以优化的，更是可以控制的，我们也正是在对情绪的优化过程中获得了成长。高效的人从来不输给情绪，优化自己的情绪，是对自己自律力的一种磨砺，也是对生活的一种执着的体现。

成功的人往往都是专注的人。当你全心全意地做一件事情时，你会发现成功非常容易。要想成就一段有意义的人生，首先要做的就是明确自己要什么，然后专注于此，把事情做到极致。一万小时之后，你会将理想变成现实。专注是唯一的生存之道，这是每个要想成功的人必不可少的一项修练。

古人云：慎终如始，则无败事。如果一个人能活在当下而不好高骛远，那么他的目标肯定是清晰明确的；如果一个人能始终守好自己的底线，那么他离成功也就不远了。相反，一个人如果没有最基本的底线，发展将相当困难，而且难以快乐生活，一旦碰到挫折，很容易导致贫穷和痛苦。在基本底线的基础上逐步实行目标，才是发展事业、快乐生活的正轨。

一个人从幼稚走向成熟并不是与生俱来的，而是在社会生活中不断实践并通过自省来实现的。生命的旅程本身就是一波三折，唯有认真审视自己的身份，勇敢面对灵魂的黑暗和对未来的恐惧，才能在自省中不断进步，实现心灵的成长。别在年轻的时候选择安逸，别因一时的艰辛放弃梦想！你不努力，谁也给不了你想要的生活！

“断舍离”不仅是生活中的哲学，更是高效能人士的一种境界。舍得，有舍必有得，有得必有失。小舍小得，大舍大得，有舍有得，不舍不得。这不仅是成功者身上的华丽篇章，也是每个人生命历程中不可缺少的生存智慧。通过实践断舍离，人们才能在社会生活中进退自如，游刃有余，掌握生活主动权，赢得更广阔的生存空间。

第十章　修炼高情商，世界更偏爱有力量的人 / 153

情商，是指一种发掘情感潜能，运用情感能力影响各个层面和人生未来的品质。情商的内涵十分丰富，概括起来其实就是两种能力：一种是对内与自己打交道的能力，另一种是对外与别人打交道的能力。与自己打交道要做到自我觉察，自我管理；与别人打交道要做到洞察人性，影响他人。可见，人性洞察力是与别人打交道的前提，是建立良好的人际互动关系的基础，是情商修炼的基本功之一。

第十一章　拒绝瞎忙：停止无效努力，让你的付出有回报 / 171

在大多数人观念里，一个天天加班的人很勤奋，准点下班的人就不够勤奋。可事实却是工作效率有异，能 8 小时干完的事情，非要花费 10 小时忙碌，这不是勤奋，这样的忙碌没有丝毫意义。“天道酬勤”没有错，但这并不是说忙就一定能够获得丰厚回报，忙碌不等于勤奋，如果只是像无头苍蝇一样四处乱撞，那只会越忙越乱，越乱越忙。没有人生方向，每天和拉磨的驴子一样，即便再忙也必然无法实现自己的梦想。

第十二章　把控时机：成功就是在对的时间做对的事 / 183

如果想要自己不那么忙碌，我们除了提高自己的效率之外，还有就是只做正确的事。那些费力不讨好、毫无意义的事情就放弃掉吧，这会让你轻松很多。

正确总是和错误相对的，我们应该在遇到事情的时候理性地去分析，不能光凭着一腔热血去决断，而应该更全面、更合理地去考虑问题，做出正确的选择，去做正确的事。

第十三章　“空想”无用，忙于“执行”才会更有前途 / 193

每天都在忙着制订计划，却从未真正执行，忙于“空想”实在是毫无意义，毕竟想象与现实是两码事，唯有忙着“执行”的人才更有前途。

很多时候，一件事情能不能做成功，时间的把握往往是最关键的。尤其在职场上，如果你不懂得掌控时间，那效率就永远提高不了，同时你脑海中所想象的成就也就永远只是一句空话。锻炼自己把握时间的能力，让自己变得更加睿智和高效起来，那么成功定然离你也就不远了。

积极的心理暗示要经常进行，长期坚持，这样它才能自动进入潜意识，影响意识。只有潜意识改变了，才会成为习惯。当积极的心理暗示成为习惯时，你就会发现，生活中并没有那么多让自己烦闷发愁的事情。同时，我们的生活也会变得充满精彩和活力。

遇到挫折，无论怎样寻找借口，最终都是徒劳无益的，只有在失败时吸取教训，总结经验，调整方式方法，才能最终解决问题。抛弃找借口的习惯，我们就会迅速成长起来，成功自然会离我们越来越近。

在生活和工作中，很多人因为怕不完美，怕失败，不敢开始，想要等待最佳的时机。因此，在做事情的时候总是思前想后，不敢行动，结果是一拖再拖，也就在拖延中丧失了最佳的行动时机。千里之行，始于足下。不积跬步，无以至千里。只有行动起来，才能一步步接近自己的目标。

第一章

自控既是意志的表现，也是情绪智力的表现

从心理学角度来讲，自控既是一个人意志力的外在表现，更是其情绪和智力的外在映射，不管是意志力缺乏，还是情绪智力低下，都不可能拥有强大的自控能力。限于每个人的自控力或者说注意力的能量是有限的，在这样的情况下，我们要学会工作节奏的掌控，做到张弛有度，此外在可以省力的地方，一定要毫不犹豫地节省能量，只有这样才能把“意志力”和“自控力”用到更有价值的事情上。

为什么忙东忙西却一无所获

小时候，老师常常让我们用“碌碌无为”一词来造句。那时候，我们不清楚这个词语的真正含义，现在却理解得很透彻。多少人每天都“碌碌”，却“无为”。为什么我们忙东忙西却一无所获呢?

很多时候，我们对“忙”的理解是模糊的。忙是指为了达到某种目的而付出体力和脑力的过程。忙碌是为了达到目的，实现自身的价值，让时间发挥出它的意义。没有目的的瞎忙并不是真正意义的忙，没有目的也就不会有收获。

小丽在一家公司工作，每天一下班就和老公诉苦：“在我们办公室里我是最忙碌的，从到办公室，就开始忙个不停，一会儿忙这，一会儿忙那，到下班的时候，忙得头疼欲裂。可是到了月底拿绩效工资时，自己却是办公室里最低的，太不公平了。”

小丽并没有说谎，她的确非常忙碌。其他的同事看似确实没有她忙碌。难道真是工作量分配不均匀吗？这一天，小丽的工作又没有忙完，眼看着就到了下班的时间，外面还下着雨，小丽急得满头大汗。领导见状，叮嘱小李帮助小丽分担一下没有做完的工作。这一次同事的帮助，让小丽找到了自身的不足。

小丽发现，小李先是将工作分类，然后分别专攻同一类工作。例如，输出财务报表，小李会统计一下有哪些公司需要出报表，然后统一登入报表系统一一输出，在这期间他不会做其他工作。于是，十几家公司的财务报表很快便被整理出来了。同样的工作，小丽不懂得汇总，只见她一会登陆这个系统，一会又登陆那个系统，一会出具一个报表，一会又去寻找凭证，忙得像个团团转的小陀螺。不仅自己晕头转向，就连其他同事也看得眼花缭乱，到最后，领导着急要的数据一项也提供不出来。

忙却没有收获，这是小丽的心结，可是这一次小李的工作效率和工作方式让小丽解开了心结。的确小丽总是在忙，忙东忙西，忙到最后，连她自己都忙晕了，不仅工作效率低下，而且还频繁出差错，这样一来，即使小丽再忙，她的绩效工资也是最低的。

小丽的忙，源于她不清楚自己在做什么，一会儿忙这，一会儿又忙那。殊不知做任何一项工作都需要一个完整的思路，如果思路屡次被打断，又不断被重新梳理，这其中浪费掉的时间和精力可想而知。小丽就是用这样一种忙碌的状态工作，因此，她的效率很低，最终的收获却很少。

现实生活中，像小丽这样的员工有很多，他们在工作中表现得非常努力、肯干，却从来没有一个明确的目标，无论大目标还是小目标，更谈不上职业规划。他们盲目地工作，一天又一天，一年复一年，一刻不停地忙碌着。日积月累，不仅是一天的工作完不成，可能几年下来，他们依旧停留在原地，时间消耗得毫无意义，不会有任何成绩。

忙碌是一件好事情，代表着我们有价值，但是绝不能盲目地忙碌。忙碌一定要有目标、有计划，心里清楚自己在为何而忙。为了能够清楚为何而忙，不妨时不时地问问自己如下几个问题。

（1）有没有目标。

目标是忙碌的方向，没有目标的忙碌犹如在大海中失去方向的船只，不知何去何从。短短人生数十载，能让我们大肆挥霍的时光不多，不要将时间浪费在无用的事情上，要朝着目标不断前进，为目标而忙碌才能有收获。

（2）有没有方法。

勤劳、肯干是美好的品德，但是必须在讲究做事方法的前提下。没有好的做事方法，不知道“偷懒”，傻乎乎地蛮干便不是美德了，因此而导致的忙碌必将得不到同等的回报。生命不易，一定要多动脑子，让自己拥有智慧人生。

自控力：意志力与习惯的博弈

每个人都有坏习惯：赖床、拖延、迟到、抠门、啰唆……其实“自控力”并不抽象，简单来说，它就是意志力与坏习惯之间的博弈。一个有自控力的人，必然能够通过自身的努力和克制，不再赖床、拖延，进而改变坏习惯，拥有一个更加完善的人生。

心理学研究发现，“习惯”的力量是非常庞大的，人类超过一半的行动都会受到习惯的影响，我们习惯性地起床、出门、坐车、吃饭……这些活动通常都是在没有清晰意识的情况下进行的，因此要想改变起来会非常艰难，尤其是坏习惯，它已经像毒瘤一样深深根植于我们的潜意识深处，缺乏意志力的人根本无力将其拔除。要想改变自己的坏习惯，必须要有坚强的意志力和自我控制能力，必须要赢得意志力与习惯之间的这场博弈。

性格一向开朗乐观的高丽，从没想过自己这辈子居然会和心理疾病有什么联系，但最近一年来，她清晰地感觉到自己好像真的患上了强迫症：每次出门已经锁了门，但下了楼梯却怎么也想不起门有没有锁，于是不得不再次返回去查看；刚刚洗完手就控制不住想再去洗一遍……

起初这些只是偶然情况，高丽并没有特别留意，但随着反复确认锁门、反复洗手逐渐演变成了习惯，并开始影响她的工作和生活，高丽感觉到了问题的严重性。为了尽快改变反复洗手、反复确认锁门的习惯，高丽找到了一位资深心理咨询师寻求帮助。

造成强迫症的原因是多方面的，但不管是什么原因导致的强迫症，要想获得改善光靠咨询师的开导是远远不够的，最重要的是要靠自身的意志力去克服洗手或确认锁门的冲动，听起来似乎很简单，但具体实施起来却并不容易。

起初高丽很难忍受不去洗手，甚至为此坐立不安，心烦气躁，除了想去洗手什么都做不下去，什么都思考不了，她深知克服强迫症就像戒毒一样，坚决不能妥协，一旦有了第一次妥协，就会有第二次、第三次。借助坚强的意志力和旁人监督的外力作用，高丽熬过了第一天、第二天……渐渐地她发现控制自己不去频繁洗手，变得越来越容易，经过了长达一个月的坚持，高丽基本上成功摆脱了频繁洗手、反复确认锁门的强迫性习惯。

其实，拖延等坏习惯与高丽的强迫性习惯没有什么本质区别，只要我们意志力够坚强，能够克制、隐忍，那么即便是“恶性肿瘤”也有彻底清除的那一刻。意志力与习惯的博弈是一场没有硝烟的、十分惨烈的斗争，容不得半点松懈，稍有退缩就会瞬间被习惯控制，从而成为习惯的奴隶，那么在坏习惯面前，我们究竟怎样做才能取胜呢？

（1）在实践中锤炼意志力。

人的意志力虽然带有先天性，但后天的训练更为重要。只有通过实践锻炼，才能够让自身的“意志力”不断强大起来。我们可以在日常生活或工作中有意识地强化自己的意志力，比如每天都做到按时起床，坚持一日事一日毕等，依靠这些实践中的自我控制训练，我们的神经才能得到完全的控制，才能拥有更加强大的意志力。

（2）自控要从小事做起。

一个连按时起床都做不到的人，又谈何实现理想和抱负呢？要想拥有强大的意志力，彻底远离坏习惯，就必须先学会在小事情上约束自己，只有这样，遇到大的事情才能更好地控制住自己，做到不被一时利益引诱，不因懒惰而拖拉，不为流言而动摇，从而躲过众多的暗流与危机，保持足够的竞争力。

（3）学会“逆向”思考和行动。

所谓“逆向”思考，即当你本能地想做什么时，不妨朝完全相反的方向思考。“逆向”行动即违背本能去行动，比如当你本能地被诱惑时，故意对诱惑置之不理。“逆向”思考和行动是一种很好地强化意志力和自控力的训练方法，但需要注意的是，如果你习惯去想或做的事情是正确的，那么自然就无需这种训练办法，否则反而会南辕北辙。

总之，在习惯的影响下生活，就等于被它俘虏了，这样的人即使再优秀，也不会登上一把手的宝座。人会做出怎样的举动，不仅仅是思想的指使，更是意志力与习惯的对抗，如果不想被坏习惯支配行动，那么从现在起，就必须要学会自控。

最好的意志力就是变强制为自发

人类的意志力作为精神领域，是一个不可分割的部分，在每个人的生命中都拥有异常重要的地位。鲁塞·康维尔博士曾说过，“只有渴求成功并且有足够意志力的人，才能登上人生的巅峰”。一个人的意志力越强，面对挑战时的风险就越低，越容易走向成功。相反，如果一个人意志力很低的话，那么在困难面前，更多情况下是一个弱者，因为他难以拒绝诱惑，也很难持之以恒。

习惯从某种程度上来说，是一种省力的工作模式，大家也清楚地知道，培养一个好的习惯是很困难的，尤其是成年人。习惯回路一旦建立，就永远留在了大脑内，是不能改变的，只能用新习惯来替代旧习惯，而培养新习惯最重要的一环就是自我的约束能力，即意志力对自己的控制。

人的意志力是无法估量的财富，它可以使人在自己精神的控制下而非情绪或者条件反射，从而使人的生活保持理性，做事情的时候也有很强的目的性，不会轻易对自己的惰性和反射性行为妥协，进而来达到自己心中想要达到的目的。

好习惯的养成如果依托强大的意志力，就会显得简单很多，也容易很多。但究其根本，还是在强制地约束自己做自己不想做的事情。所以说，最好的意志力就是变强制为自发，让自己有意识地接受，而非强迫自己接受。一般情况下，意志力在生活中所起的作用是通过约束自己来达到的，好习惯的形成也是这样一个过程，有意识地锻炼意志力，再在自己的习惯培养中发挥意志力的强大作用，往往事半功倍。

拥有强大的意志力可以无所畏惧地面对那些"弱点"的挑衅，在此过程中一旦出现心绪摇摆不定，面对困难畏首不前的状况，自身的意志力就会自觉充当卫道士的角色，不断地提醒自己。这种从内心深处的认知会让自己不断地付出努力来改变不良习惯，接近成功。

每个人都渴望拥有强大的自制力，不向懒惰屈服，不为诱惑折腰。可现实往往是骨感的，想要拥有的人数不胜数，可真正掌握的却寥寥无几。究其原因，自制力和好习惯一样都是需要培养的，而它们又是相辅相成的，培养好习惯的过程就是在锻炼自己的意志力，拥有强大的意志力再去培养自己想要形成的习惯，就会觉得异常简单。

2005年，宾夕法尼亚大学致力于精神力量研究的研究员们选取了164名中学生作为样本，分别测试了他们的智商、情商、意志力和其他的因素。研究发现，具有较强意志力水平的学生在学习中更容易取得较高的成绩，在选择学校方面也更加理性，更具优势；他们通常不会逃课或是开小差，而是花更多的时间去做自己的功课而非沉迷综艺节目；他们会对自己的事情有合理的安排，不会仅因为自己感兴趣而放弃自己主要的事情，对事情的轻重把握得很有分寸。

通过了解，他们并非是真的对一些大家公认的好玩好看的事物不感兴趣，而是因为他们知道自己在什么时间该去做什么，能够说服自己去做，并且不会因此产生负面情绪。他们和普通的中学生一样，放学后回到家，会下意识地望向电视机，但是不同的是，有的人会习惯性地去打开电视机；而自制力强的孩子，则是会自发地先做作业，再去想其他事情。慢慢的，这样的一种行为方式演化成一种习惯，使得这些孩子们拥有了极好的自我控制力。他们会自发地分析自己所面对的局面，从而做出对自己有利的、理性的选择。

其实对于每个人而言，习惯的改变都是从强迫中开始的，渐渐地自身接受了行为的转化。但是区别就在于能否在强迫中坚持下来，或者说自己的意志力能否足够压制住在强迫中产生的逆反效应。

一旦强制成为了自发，那么新的习惯就已经形成了。那么，在这个过程中，我们如何将意志力的作用发挥到最佳，让强制成为自发呢？

（1）让头脑变得坚强。

伟人之所以成为伟人，是因为他们“一心一意，镇定持续地关注一件事。”集中注意力是增强意志力的好办法，也是助力好习惯快速形成的好办法。比如让一个经常放学回家就玩电脑的孩子养成回家就看课本的习惯，锻炼他集中注意力是很有效的。

拿起一本书，将注意力放到书上，哪怕心里的叫嚣再厉害，都牢牢地把自己的思绪放到课本上或者一道题上，那么，你就会发现，经过一段时间的焦虑不安后，会一下子豁然开朗。多试几次，自己的注意力集中以后，即使在你旁边放上一台电脑也未必能将你的精力吸引过去了，在这样的基础上再去培养回家就看书的好习惯相对就容易多了。

（2）不要畏惧困难和跌倒。

在现实生活中，人们的意志力没有强大到可以快速地按自己的意愿行事的程度，所以，要对自己有所包容。可能我们在坚持的过程中总是出现中断，但是千万不能因此而放弃，因为这并不代表我们失败了，只是我们还没有成功。不要逃避这些问题，要勇敢地去解决它。即使是今天你没有坚持到底，明天并不拒绝你新的开始。哪怕在这个新一轮的挑战里，你比上次多坚持了一个小时，于你而言，就又是一次进步。

（3）让环境给你助力。

意志力的力量是很强大的，但是要充分地发挥它的效果，需要一种很重要的催化剂，那就是环境。所以说，善于运用自己周边环境的力量来增强自制力，是快速培养好习惯的好方法。

我们生活的周围都会有这样的一些人，他们并不是没有很强的意志力，只是没有被开发罢了。小红生活的社区新搬进来几个漂亮的长腿美女，这刺激得小红也打算减肥秀美腿。但是值得一提的是这已经是小红自搬进社区后第3次减肥了，以前她总是减着减着就觉得自己和周围的人差不多，也不算太胖呀，再说美食当前，岂能不为其所惑？于是，前两次都以失败告终。但是这次的小红有了榜样和目标，意志力瞬间爆棚，从强制自己少吃点到自发地只吃几口，不到两个月，小红目标终于达成了。

战胜思维惰性，培养主动精神

明明昨天就应该完成的工作，结果犯懒一直拖到了今天；早就打算去探望远在国外的亲戚，可总不能顺利成行；上周末就需要大扫除，结果都到了这周末，依然很不想做……几乎人人都有过类似的拖延经历，其实，这是“思维惰性”在发挥作用。

懒惰是人性的组成部分，在潜意识深处，人都是好逸恶劳的，表现在现实生活中就成了各种各样的拖延症。从心理学角度来讲，拖延往往会让我们为此背上沉重的心理负担：悔恨、愧疚、压力、烦躁、不安……这些消极情绪只会让人更没工作效率，要想远离这种糟糕状态，就必须要战胜思维惰性，养成主动行动的好习惯。

秦勇在周一上班的路上，就做好了一天的工作规划：上午做月度总结，下午草拟下个月的财务预算。

9 点，秦勇准时到达办公室，打开电脑登陆 QQ，自动弹出的腾讯新闻中有一条很有趣的消息，他情不自禁地点开阅读，不知不觉就看了 20 分钟，原本打算开始写月度总结了，但发现办公桌上堆满了文件，杂乱无序的办公桌十分影响办公心情，于是他又拿出十几分钟收拾桌面。

月度总结好不容易开了头，一个投诉电话过来，秦勇又放下手头的工作开始处理投诉的问题,等处理完已经十一点多,离午饭时间没多久了,反正月度总结也写不完，索性看看网页……

结果一整天过去了，原本打算下午拟好的财务预算，还一直处在搁置状态中，只能等第二天上班再处理了。

其实，秦勇的工作状态是很多职场人的真实“缩影”。拖延已经成了当今都市“职场人”的一种行为通病，但要想克服拖延却十分困难，正如加利福尼亚大学伯克利分校参加拖延治疗的一位学生所说，“拖延就像蒲公英。你把它拔掉，以为它不会再长出来了，但实际上它的根埋藏得很深，很快又长出来了。”

要想战胜心理惰性，彻底摆脱拖延症，就必须要了解造成拖延的心理形成机制。相关研究者认为，最可能引起拖延的心理成因有四点：对成功信心不足，讨厌被他人委派任务，注意力分散且容易冲动，目标与酬劳的兑现太过遥远。

那么，接下来该怎样远离“拖延”，养成积极主动的行为习惯呢?

（1）要坚决杜绝逃避。

随着互联网、电脑、智能手机以及平板电脑等的快速发展和普及，网络已经成为人们越来越不愿意做事的罪魁祸首。面对挫折、困难、枯燥的工作、难以解决的问题等，人们常常会本能地想要逃避，而网络所提供的各种娱乐就成了人们暂时躲避的“乐园”。

我们必须清楚，逃避不能解决问题，只会让结果变得更加糟糕，所以不管面对怎样的困难和挫折，都必须要杜绝逃避，必须用强大的意志力控制自己远离网络的诱惑，只有这样我们才有望战胜惰性，戒除拖延。

（2）要立即行动起来。

如果人总是处于一种空想或思虑状态，那么自然就会变成“思想上的巨人，行动上的矮子”。在现实生活当中，空想与拖延往往是一对双生姐妹花，如果做事总是瞻前顾后，前怕虎后怕狼，那么行动自然难免拖拖拉拉。

提高行动力是战胜思维惰性的一个有效办法，我们不妨有意识地强化“行动”观念，避免被毫无根据的“空想”“幻想”等阻碍行动的脚步。

（3）要培养探险意识。

“好奇心”是人们行动的最原始驱动力，我们要保持对新鲜事物的好信心，有意识地培养勇敢、无畏的探险意识，我们可以有针对性地参加一些诸如跳伞、蹦极、攀岩等带有探险性质的活动，这有助于我们养成“迎难而上”的行动习惯，对克服思维惰性，跳出固化思维有很大帮助。

培养积极的自我意识

积极的态度会改变一个人的生活方式，消极悲观的人大多生活在自己的心灵阴影中，早已经丧失了“征服世界”的能力，正如高尔基所说：“只有满怀自信的人，才能在任何地方都怀有自信，并认识自己的意志。”如果不想在自怨自艾中沉沦，那么你需要从现在开始培养积极的自我意识。

所谓“自我意识”，即人们对自我身心活动的觉察，简单说也就是对自己生理状态与心理状态的认识。在心理学上，有一个非常有趣的镜子效应，思想与行动之间存在着一种非常微妙的关系，你怎样想很大程度上就意味着你会成为怎样的人。消极的自我意识，只会打击我们的行动积极性，压抑潜能的开发，唯有用积极的自我意识武装身心，才能明知山有虎，偏向虎山行，并真正发挥出不可思议的主观能动性。

小路毕业于 ×× 名牌大学，她的履历表可谓“金光闪闪”，从小学、初中到高中、大学，全部都是顶尖的学校，她的成绩也始终都是名列前茅，奖学金一路拿到手软，在周围人看来，只要小路愿意，她一定能在事业上取得一番成就，然而事实却恰恰相反。

和众人预料的一样，小路一毕业就顺利进入中国银行，成为一名高收入金融人士。在同期进入中国银行的毕业生中，小路的日常表现十分突出，不仅专业能力过硬，而且工作认真负责，很少出错。然而三个月后的一次“事故”却让小路陷入了“消极怠工”的泥潭当中。

由于经验欠缺，小路在制作财务报表时出现了很大的漏洞，结果在内部的全体大会上被批评，还专门写了检讨，这对于一向优秀的小路来说，无疑是一个巨大的心理打击。第一次因犯错被劈头盖脸地训斥，第一次写检讨和自我批评，委屈难受之余小路尝到了“力不从心”的滋味，并从此对做财务报表充满了“抗拒”，时常担心报表会出错。

对“报表出错”的恐惧和不安，让小路对自己的能力产生了不信任，消极的自我意识让她丧失了工作的积极性，从此以后只要涉及财务报表的工作，小路能拖就拖，能逃避就逃避，因此工作的低效率也就可想而知。由于工作难以让领导满意，小路眼看着和自己同期进入中国银行的同事们不断加薪升职，而自己只能毫无存在感地原地踏步。

实际上，小路在事业上的受阻并不是因为缺少能力，而是在于“心理”，是“消极的自我意识”毁掉了她的光明前景。俗话说“人非圣贤，孰能无过，过而能改，善莫大焉”，作为一个职场新人，犯错是一件很正常的事情，但关键在于怎样去看待错误。聪明人吃一堑长一智，将错误当作自己成长的阶梯，而愚蠢者则会“因噎废食”，在工作中畏首畏尾，并最终为“拖延”“逃避”所累。

坚持消极的态度必败无疑，世界上从没有哪个持有消极态度的人能够取得可持续的、真正的成功。要想让自己变得更具“竞争力”和“战斗力”，培养积极的自我意识就显得非常重要。那么具体来说，我们应该怎样做呢？

（1）培养乐观精神。

谁的生活也不可能一帆风顺，要想不被困难、挫折打倒，就必须培养自己的乐观主义精神，学会苦中作乐，学会坦然客观地面对世界、面对自己。乐观精神是积极自我意识的精神内核，一个乐观的人即使身处绝境也能想办法走出一条路来。

（2）强化积极思维。

有些人遇事总是会不由自主地往“坏”的地方想，这可不是一个好现象，久而久之很容易形成消极的自我意识。因此我们在日常的生活中，要多想好的一面，强化积极思维，增强自身对未来的预见性，充分发挥自身的主观能动性，从而尽快找到问题的解决之法。

因为世界上没有十全十美，所以不要追求过分的完美，不要过于放大平时的一些失败，也不要在意别人对你的负面议论，只有这样我们才能一直保持积极的自我意识，进而呈现出最好的行动状态。

要增强自控力，首先要放弃控制

每个人都有懒惰拖延的坏习惯。当你决定要温书时，总是想着等一会儿再看，拖到最后匆匆忙忙地没看成，于是保证明天再看，结果还是一样。这时你便自暴自弃说自己没治了，埋怨自己不是块读书的料，其实，这不是你的错，你只是需要增强自控力。

自控力，即自我控制，是指对一个人自身的冲动、感情、欲望施加的控制，没有自控力，就没有好的习惯；没有好的习惯，就没有好的人生。最有力量的是那些能掌控自己的人，缺乏自控力却在妄谈成功，就像盲人在谈论颜色。

美国哈佛商学院对120位成功人士进行了调查，发现一个共同的规律，那就是他们都拥有良好的自控力。自控力要求能自己驾驭自己，能抗拒诱惑，在人生的道路上把握好自己的方向。一个人无论有多么过人的天赋，如果没有自控力，就绝不可能把自己的潜能发挥到极致。

仔细观察，我们不难发现，自控力影响着我们生活的方方面面。早上听到闹铃响了，你还想再睡一会儿，理智告诉你，必须起床，否则上班就会迟到；坐在餐桌前，减肥的你面对一堆美食，内心十分纠结，是痛快地美餐一顿，还是继续克制自己？最终，理智占了上风，你选择了继续瘦身；工作时，你很想放松一下，玩玩游戏，上网聊聊天，但一想到还有很多工作需要你去完成时，便放弃了不切实际的想法，埋头于工作中……

有这样一个规律，绝大多数成功者都是成熟持重者。他们懂得控制自我，在诱惑、欲望、困难面前时刻能够清醒地保持自控力。而那些经不起考验的人，往往因为一时的心绪迷乱，而走上最可怕的“失控”之路。

人生最可怕的就是“失控”，不能控制自己，就会跌入“失控”的深渊，万劫不复。

小梁大学毕业后进入了一家外资企业，当周围的同学和朋友都羡慕她找到了一份不错的工作时，小梁却有点受不了了，这时距她上班只有半个月时间。

一天，小梁打电话给自己的大学同学小郑：“我实在不想干了，我想辞职！”

小郑感到有些奇怪：“为什么？你那份工作不是你梦寐以求的吗？”

“在外人看来我是找到了一份好工作，其实并没有你们想的那么好啊。”小梁在叹了一口气之后，说出了想辞职的原因。

自从小梁进了这家公司后，她便想将属于自己的每一件工作都做好。

但无论她怎么努力，工作中总是会出现不少的差错，因此她也经常受到上司的责备。小梁怀疑，她不适合现在的工作。

听完小梁的话，小郑笑着问道："你辞职之后，打算做些什么呢？"

"当然是再找一份新工作了。"

"你能保证新的工作之中不会出现类似的问题吗？到那个时候，你是否又辞掉工作，接着去找新的工作呢？"

小梁沉默了，她感觉小郑说得很有道理。

对于小梁来说，她缺乏自控力，碰到问题只会选择逃避，其实，她需要调控好自己，展现自己的才华，更加努力地做好每一件事，要善于控制自己的情绪，机会才会来到她的身边。

其实，要增强自控力，首先要放弃控制。很多人可能还不清晰这句话的含义。其实很简单，自控力中"控"的意思并不是束缚、压抑，而是引导。生命中的任何部分，只要存在的，就肯定有它存在的价值，任何部分的存在都是为了让我们的人生更完整。也就是说，生命中的每一部分都是对我们有帮助的，我们要将它作为朋友来接纳和引导，而不是排斥和控制。

这个观念听起来似乎有些矛盾，但它却是增强自控力的关键。当我们说"控制"时，更多的是针对我们的对立面或者敌人来说的。这样就人为地在自己体内制造了分裂，每当你想"控制敌人"时，他就会反噬一口。你控制得越厉害，他反抗得越厉害，这样你的内心就永无宁日，还谈什么自控力？这也正是我们在很多人身上看到的。所以，增强自控力，首先要放弃控制，转为接纳。以下方法我们可以一试。

（1）简单行动启动惯性。

做任何事情都比闲坐着只担心那些没有做的事情要强上百倍。这是一个非常快速而且极具实效的方法，同时也是增强自控力的必用方法。

（2）破除"生活逃避式想法"。

在每个人的潜意识中都存在着生活逃避式想法，正是因为这样的想法根深蒂固地存在着，才使我们在增强自控力的道路上走得格外辛苦。只要破除“生活逃避式想法”，自控力自然会增强。

（3）停止批评自己。

当人们批评自己时，他们已经为增强自控力和人生的成长制造了一个致命的障碍——自信与自尊的丧失。自信与自尊是自控力的核心中的核心，人若失去了自信与自尊，则一事无成，更不用说提高自控力了。

（4）树立目标。

想要提高自控力，首先要明确自己的目标。为了实现目标自然而然就会控制自己的行为习惯，增强自控力从而实现自己的目标。

而当你在工作时，想着完成工作后会有快乐的事情发生或者工作会带来快乐的事情，即通过积极的心理暗示也能增强自控力。

自控力并不是与生俱来的，而是靠后天习得。自控力是一种能力，也是一种技巧，因此有规律可循，只要我们多点儿磨炼，多点儿信心，就能够像“自控高手”一样，营造一个有利于自己生存的宽松环境，在工作和生活中游刃有余。

有意识地优化你的意志品质

从心理学角度来讲，自控既是一个人意志力的外在表现，更是其情绪和智力的外在映射，不管是意志力缺乏，还是智力低下，都不可能拥有强大的自控能力。

此外，当人没有意识时，其自控系统也就无法发挥作用，因此，沉睡或昏迷中的人是没有“自我控制”能力的。换句话说，只有在我们意识到自己在做什么，为什么要如此做的情况下，“自控力”才有用武之地。比如，想戒烟的人，首先要意识到自己想吸烟的冲动，其次还要知道这次吸了，以后还会继续吸，既然下定决心戒烟，就必须要有坚强的意志力。

道理听起来似乎很简单，但在现实生活中，绝大多数人在做决定的时候，往往都处于一种“无意识”状态，就像汽车开了自动挡，按部就班地起床、吃饭、工作、下班……根本没有意识到自己每天都做了哪些决定，为什么做决定，更没有考虑过决定可能导致的后果。

杜般早已经过了四十岁不惑之年，但令同龄人羡慕的是，他依然保持着十分充沛的精力，岁月虽然苍老了他的容颜，却没有改变他“井井有条”的工作和生活。和绝大多数人一样，在初入职场几年后，杜般也迷茫过、浑浑噩噩过，但他很快意识到“自己的意志力”正在被时间一点点蚕食：

想不起为什么没检查就把文件发给老板；

回忆不到工作失误的原因是什么，想不通自己为什么会出错；

明明有个很好的机遇但根本没意识到去争取，错过了才发现可惜；

遇到公司大调整，没有任何关于自身处境的分析和思考，懵懵懂懂就跟了大众走；

……

在现代社会，每个人的意志力都会像杜般一样面对各种各样的“侵蚀”，或是长期工作形成的“无意识行为习惯”，或是各种各样的欲望和诱惑。

没有自我博弈，哪来坚强的意志力。每个人心中都住着一个魔鬼，一个天使，究竟谁占上风，谁指挥行动，那就要看其“意志力”了。杜般深知，人的性格是多元化的，它们互相竞争，试图控制我们的想法、感受和行动，要想更好地主导自我，就必须要强化“自我意识”，锻造出坚不可摧的自控力。那么他究竟是怎样做的呢?

一是坚持每天反思。

每天晚上临睡前，杜般都会躺在床上思考：今天有多少想做却没有做的事情？为什么想做最终却没做？今天做了几个比较重要的决定？自己当时是否清醒意识到了“决定”时刻的到来……

“每日三省吾身”的古训并非没有道理，坚持反思能够让我们清醒认识到自己的不足，强化“自我意识”，从而更深刻地了解自己、认识自己。

二是坚持意志力训练。

肌肉越锻炼才能越结实，意志力也是如此，杜般所采用的是一种十分简单的冥想大脑训练法。不仅能够有效增强大脑的反应能力、思考能力，还能在不知不觉中强化人的意志力和自控力，具体方法如下：

首先，原地不动，安静坐好。背挺直，坐在椅子上或盘腿坐在软垫上均可，双手自然放置膝盖，慢慢放松自己的身体和大脑。静坐是一种很好的训练意志力的方法，它能够让我们不再受大脑和身体冲动的控制。

然后，注意自己的呼吸。在放松的状态下，注意自己的呼吸，吸气时脑海中默念“吸”，呼气时默念“呼”，保持心无杂念的状态，不要走神。一旦发现自己走神，就要让自己的注意力重新回到呼吸上来。此项训练能够提升我们的注意力，强化大脑处理压力和冲动的稳定性。

最后，弄清自己为什么走神。在呼吸的过程中，人往往会在不知不觉中走神，在练习过程中，要弄清自己是从什么时候走神的，这有助于我们强化“自我意识”，增强意志力。

尽管人人都希望拥有无限强大的意志力和自控力，但这根本不可能实现。限于生理、心理等多种因素，每个人的自控力或者说注意力的能量是有限的，在这样的情况下，我们要学会工作节奏的掌控，做到张弛有度，此外在可以省力的地方，一定要毫不犹豫地节省能量，只有这样才能把“意志力”和“自控力”用到更有价值的事情上。

无法长期做一件事情是很正常的，长时间跑步肌肉会疲惫，长时间集中注意力大脑同样也会疲惫，大脑一累就会走神儿，每个人都是这样，这并不能说明你的自控力差。要想让“自控力”发挥最大效用，还要注意适时休息和补充能量。

怎样形成自律“生物钟”

人类体内有一个生物钟，它与现实生活中的时钟原理相同，都具有报时的功能。不同的是，时钟向人们报出的是时间，而生物钟向人们报出的是该做某件事情的信号。

对一个有午休习惯的人而言，每到午休时间，他的生物钟就会通过犯困、疲惫等生理反应，发出午休的信号；经常锻炼的人，如果没有及时做运动，生物钟会通过心理暗示提醒他该去锻炼了；到了吃饭时间，生物钟会通过饥饿来提醒人们该吃饭了……

生物钟的形成与一个人的生活习惯息息相关，可以说，生物钟就是人类对习惯的记忆。任何事情有规律地坚持一段时间之后，就会形成习惯，并成为生物钟。想要形成自律的生物钟，需要从以下几点着手：

第一，让自律变成一种习惯。

让自律变成一种习惯，这就要求人们在生活中经常使用自控力。比如，当你想向诱惑屈服时，就要发挥自控力的作用，不要给自己任何放纵的理由，必须运用自控力抵御住诱惑。时间一长，就会习惯性抵御诱惑。如此一来，自律就变成了一种习惯。

很多家长认为爱孩子就是满足他的一切愿望。当要求得不到满足，孩子便会大哭，想通过这种方式达成所愿。而家长见到孩子哭，就像是被踩到尾巴的猫一样，慌手慌脚，方寸大乱，毫无原则，什么要求都答应。

时间久了，这样的生物钟就形成了，孩子想要做什么，即便家长不同意，他们知道只要大哭，家长便会乖乖地答应。等到孩子长大了，提出的要求超出你的能力范围时，你又该怎么办？孩子又会有什么样的行为呢？因此，对于任何人而言，让自律变成一种习惯都是非常必要的，因为任何人都不能为所欲为。

第二，针对某一方面培养自控力。

由于每个人的生活轨道不同，可以有针对性地培养自身的自控力。比如，团队领导者除了有明辨是非的能力之外，还必须有海纳百川的度量，即便别人提出的意见具有批判性，也要理性地分析。而客服工作者，则需要培养耐心听取客户投诉的自控力。从事不同工作的人，都要培养不同侧重点的自控力。

第三，不放纵自己，不破坏生物钟。

所谓："千里之堤，溃于蚁穴。"很多时候，好习惯被放弃都是因为一时的放纵。好习惯如果一直坚持，并不会觉得有什么不舒服，可是一旦改变，就很难再恢复。

因此，对于一些好习惯，千万不要随意找借口去破坏。想要形成自律的生物钟，先要形成自律的习惯。一旦习惯形成，就不要给自己找任何借口来破坏这个习惯。

用耐心来打磨你的意志

没有谁的人生可以一帆风顺，也没有谁在做事情的时候可以一蹴而就。人生有顺境也有逆境，有坦途也有坎坷。在顺境的时候，我们的工作和生活轻松而愉快，但是在逆境的时候，枯燥、压力、没有希望等负面因素开始侵蚀我们的内心。在这个时候，放弃还是坚持下去成为每个人面临的选择。那些能够忍受住枯燥，顶住压力坚持下来的人看到了成功的希望；那些选择了放弃的人，只能徘徊在失败的十字路口。

生活和工作当中有太多的人具有畏难的品性，当面对困境的时候，这些人多数会选择放弃，即便是选择坚持，也不会坚持太长的时间，半途而废是他们的共性。面对困境无法坚持下去的人，往往缺乏足够的耐心和坚强的意志，但这两个品质却是成功人士必备的品质。

有句俗话是：心急吃不了热豆腐。就是说没有足够的耐心不可能取得成功。具有足够耐心的人，能够应付枯燥无味的工作，能够忍受孤独和寂寞，也能够等到成功的到来。在生活和工作当中，我们多数时候面对的都是简单的重复，要处理这些工作无疑需要足够的耐心。所谓耐心也就是把时间和精力用于这些简单的重复当中，只要能耐得住这份枯燥和寂寞，也就能守到成功。其实很多时候，一个人成功的几率与他的耐心有极大的关联。因为，是否具有耐心，决定了一个人在面对困难的时候是否具有坚持下去的勇气。那些渴望“速成”，“急功近利”的人，不具备足够的耐心，也就没有坚强的意志，当然也不具备成功的品质。

有人说过，成功一共要分两步，第一步是开始，第二步是坚持下去。坚持下去靠的就是坚强的意志力，而要想意志力发挥作用就必须有足够的耐心。

齐白石不仅是国画大师，在篆刻方面也有很深的造诣。齐白石开始学习篆刻的时候，对自己的作品总是不满意。后来他向一位老艺人求教，老艺人告诉齐白石：“你去挑一担础石回去，一边刻，一边磨，等这一担础石变成泥浆的时候，你的篆刻手艺也就算是学成了。”

齐白石随后挑了一担础石回家，边刻边磨，还不时拿一些名家的作品对照学习。就这样，日复一日，年复一年，齐白石在础石上重复着篆刻。刻刀磨坏了一把又一把，齐白石的手上也磨出了厚厚的老茧，他挑回家的础石越来越少，地上的泥浆反而越来越多。终于，在最后一块础石磨完之后，齐白石的篆刻技艺已经达到了炉火纯青的地步。他的篆刻刚劲有力，而且极富个性，独树一帜。

能够将一担础石化为泥浆，如果没有极大的耐心与坚强的意志力是不可能做到的。其实真正的天才就是通过各种磨砺，造就出无比的意志力，支撑自己走向成功的彼岸。在灯红酒绿的温柔乡中不可能产生天才。

坚强的意志力是每个人都应该具备的品质，它是我们获得成功的精神支柱。我们面对困难，应对挫折，走出逆境，无不需要这一品质的支撑。如果缺乏坚强的意志力，我们将无法走出困境，实现自己的目标。当你用顽强的意志力克服了一个不良的习惯，或者凭借意志力走出困境，那么当再次面对困难的时候，你将会充满攻克难关的必胜心。其实顽强的意志力是每个成功人士必备的品质，是每个人都需要拥有的“财富”，也是每个人穷尽一生都在追求的优秀品质。

然而，缺乏意志力或者说意志力不够坚强的人比比皆是，这也是为什么普通人要远远多于优秀者的原因。志不坚者智不达，如果没有坚强的意志力，即便拥有天分也很难成功，因为他没有支撑自己走下去的意志力。有些笨拙的人虽然没有天分，却有百折不挠的精神，在经历重重磨难之后，他们反而能够成就一番伟业。其实能够取得成功的人，往往是在最困难的时候比别人多坚持了一会儿，也就是他的意志力比普通人坚强。

一个人是否具有坚强的意志力往往决定了这个人能否取得成功，虽然我们是靠理性来分析问题、制订计划，但是最终将我们推向成功是意志力而不是能力。拥有了坚强的意志力，也就拥有了走出困境的勇气和毅力，即便在最后没有成功，但是他获得的财富也要比半途而废的人丰厚得多。

第二章

高标准，严要求，英雄都是“逼”出来的

一个人要想成功，就要对自己狠一点，对自己严格要求，时不时逼一逼自己，让自己不断成长。虽然逼迫自己是一件比较痛苦的事情，但是就结果而言值得我们去做，因为很多成功都是“逼”出来的。

为什么做事只有三分钟热度

当今社会，不缺乏有能力的人，也不缺乏勤劳的人，缺乏的是真正的“专家”。

比如，与其他学校不同的是，其他学校因为种种原因，要求学生各学科均衡发展，而哈佛大学更侧重于特长生的培养。哈佛大学并不希望学生们均衡发展每个学科，因为它认为人的精力和时间是有限的。在有限的时间里，利用有限的精力做很多事情的结果，就是每件事都只进行了一点点。这一点点意味着什么？不是博学多才，而是一事无成。相反，在有限的时间里，利用有限的精力去完成一件事情，结果很可能就是成功。因此，哈佛大学提倡将一件事情做好。

很多人都反映，做事情只有三分钟的热度，不能长久地坚持下去。对此，他们百思不得其解，难道是他们天生没有耐性，喜欢半途而废吗？当然不是，下面具体分析一下导致这种做事习惯的原因。

原因一：专业训练不够。

当人们还是年幼的孩童时，大脑神经联结处于初级发育状态，所以孩子们的行为总是那么搞笑，这些天真的动作的背后是大脑神经思维的自由发挥。到了四五岁之际，孩子们开始出现冲动的意识。接着大脑的冲动控制回路进入急剧生长时期。到了十几岁时，孩子们已经完全具备了冲动和控制冲动的能力。此时，对孩子进行干预，提高孩子的自控能力，对其一生都会产生很大的影响。

当一个人的控制力处于未受训练的状态或是训练不够时，人们的言行举止和思维习惯都处于无规律状态，此时，人的思维、毅力必定脆弱，无法将一件事情坚持到底。

具体的解决方法就是从点滴开始做起，多磨炼自己，凡事坚持有始有终，从心理上暗示自己要坚持到底。

原因二：任由思维海阔天空地行走。

思维开阔固然是好事,但是当人们专注于一件事时,还是应秉持着“两耳不闻窗外事，一心只读圣贤书”的思想境界，从内心深处避免过多的信息量干扰自己。

当今社会，急躁、脾气暴的人会被视为情商低的人，他们通常不受欢迎。有良好修养的人，通常不会上蹿下跳，他们说话、办事不紧不慢，有条不紊。他们时时刻刻注意自己的心态，不给自己太多的压力，一次只将思维和精力集中在一件事情上，闭口不提除此之外的其他事情。

原因三：拒绝任何后路。

事情发展到瓶颈时，想要放弃的想法会疯狂地滋生。此时所有的后路都冒出来了，比如：“休息会吧、就一会、休息十分钟吧……”所有的后路看似都不会产生严重的后果。其实不然，看上去再可行的后路都会断送掉目前的大好前程。因为只要你选择其中一条后路，心中一直紧绷的弦儿就算松了。这一松，人们便会发现半途而废的舒服，再也绷不紧这根弦儿了。

逾越“心理高度”：不要给自己设限

心理学领域有一个著名的跳蚤试验：将跳蚤放置于容器中，盖上一个透明玻璃板，一拍桌子，跳蚤就会受惊跳起来碰到玻璃板；反复几次后，它的跳跃高度会降低并不再碰撞玻璃板，此时即使拿走玻璃板，它也不会跳出容器。

跳蚤善于跳跃，之所以拿掉玻璃板后它也跳不出容器，并非因为它跳不高，而是因为它给自己“设了限”，便再也突破不了这个限制了。

其实，人又何尝不是如此呢？在屡次碰壁后，我们也会出于自我保护的本能，在潜意识中给自己设限，并暗示自己：一定不能越雷池一步，否则就会受到伤害。一旦给自己设限，哪怕能力再大、水平再高，最终也难以突破自己。

一家企业为了丰富员工的业余生活，增强其身体素质，专门组织了一场长跑比赛，起点是企业正门口，终点则是50公里外的公园门口。

赛程一出，大家开始七嘴八舌地议论：

“天啊，整整50公里？我们又不是马拉松运动员，怎么可能完成？”

“所有人都要参加吗？好担心自己跑到半路就不行了，能不能请假？”

“谁提议的要组织长跑啊？ 50公里，这不是明摆着要命吗？”

“50公里，反正我跑不到终点，爱怎样怎样吧！”

到了比赛这一天，哨声一响，大家纷纷出发。尽管大家看起来争先恐后，热情高涨，但谁也不相信自己能坚持到终点。8个小时过去了，绝大多数人退出了比赛，只有一个小伙子成功到达了终点。

当举行领奖仪式时，很多员工想知道这个小伙子为什么能坚持到最后。原来，他是新来的实习生，上班第一天就遇到长跑比赛，事先根本不知道要跑多远。由于和老员工零交流，所以恰好没有被大家的消极言论影响。

所谓“无知者无畏”，他在赛跑线路标示牌的指引下，一路前进，最终成功到达了终点。

如果你从一开始就认定“这是不可能完成的任务”，那么就算使尽浑身解数，也无法完成它。相反，如果没有给自己“设限”，那么逾越心理高度就没什么困难，成功也会变得很简单。

人们总会在社会规则、惯性思维等的影响下，不知不觉地给自己设立各种各样的“限制”。如何打破这些限制，离成功更近一些呢？

第一，扭转失败的消极观念。

每个人在遭遇失败、受挫、碰壁时，都难免失落、沮丧。这时，一定要扭转消极观念，千万不要因为失败了几次，就灰心丧气放弃前进。失败是成功之母，越是失败，就越要扭转失败所带来的消极观念，这是迈向成功的心理基础。

第二，保持乐观积极的态度。

成功学大师拿破仑·希尔曾说：“积极的心态是心灵的健康和营养。”乐观积极的态度不仅能够帮助我们战胜失败后的沮丧，还能给我们带来无穷的力量，进而将反败为胜的雄心发挥到极致，把潜能淋漓尽致地释放出来。保持乐观积极的自信姿态，少给自己设限，才能更轻松地越过心里的那道“坎”。

第三，不要被负面舆论影响。

人是社会性动物，容易在不知不觉中受到周围舆论的影响。在人人都指责你错了的时候，就算你坚持的是真理，也会忍不住动摇。如果整天处在负面舆论中，那么即便是再大胆、再有能力的人也会逐渐被同化。因此，要有意识地远离负面舆论，减少它们对自己的不良影响。

一个人有了积极的状态，就更容易吸引财富、成功和快乐，并保持身体健康。在生活与工作中，我们要明确自己的职责，以不断超越的精神突破自我，如此一来，人生必然会有根本性的改观。

把“每天进步一点点”当成习惯

不积跬步无以至千里，不积小流无以成江海；

滴水穿石，非一日之功；

一日一钱，千日千钱；

聚少成多，集腋成裘，聚沙成塔；

……

这些耳熟能详的话语，我们每个人几乎都可以说出几句来，总的来说，它们之中蕴含着一个相同的哲理，那就是小的积累可以达到大的成就。

卡耐基曾经说过：“只要你向前走，不必害怕什么，你就会发现自己，成功一定是你的。”每天进步一点点，那么在不久的将来，你一定会有大的收获。

有很多人都觉得自己走不进成功的大门，暗自懊恼。然而，这并不代表你真的失败了，只是你太心急了。这个时候，你一定不能主动放弃，而是要相信自己，一定可以取得成功。只需要你每天都为自己树立一个小小的目标，让今天的自己超越昨天的自己一点点，很快，成功就会出现在你的眼前了。成就大事的人大都是这样一步一步走过来的，没有人可以一蹴而就的。

唐僧师徒，一步步地走，走完了十万八千里；中国男子李章凭借一辆单车一点一点走遍了这个世界，完成了骑行环游世界的壮举；王羲之坚持练字，一天天洗笔将整个池子染成“墨池”，最终成为一代书法大家……他们的成功都是靠自己一点一点的努力取得的，每个象征希望的清晨，他们迈出的都是一小步，就这样一天天，一步步，走到了成功的怀里。

每天进步一点点，经过时间的积累，那些“点”汇聚成一片，将你推向新的高度。把每天的进步一点点当成习惯，每天都为自己定一个目标并全力以赴实现它，为自己的人生加重一点点厚度，在你不知不觉的时候，人生的高度就会被你积累出来了。

在日本的一个小学里，为了激励孩子们懂得努力上进，学校在走廊里张贴了一张海报，海报的内容是两个数学公式，公式的内容很简单，但是其中蕴含的深意在网上引起了广泛的关注，不少人因此产生了共鸣。

一个公式是 1.01 的 365 次方等于 37.78，另一个公式是 0.99 的 365 次方等于 0.03。

365 次方就是一年中的 365 天，数字 1 是每一天所应该付出的努力，1.01 就是说每天多努力一点点，进步一点点，那么 365 天之后，将是远胜于 1 的；而 0.99 就代表每天退步一点点，那么一年之后，你的成就将远小于 1，长此以往，等待你的将是一事无成。

这张海报的内容经过网络传开以后，很多人大发感慨，我们每天都在人生的路途中奔波，与其做一天和尚撞一天钟地过日子，何不去稍微努力一下，每天多去做一点点，积少成多，未来也就可以迎来巨大的人生飞跃。

进步，没有固定的形式，就是向前走，今天比昨天前进了一点，对现在的状态有所突破，自己的思想就更加成熟；今天比昨天多学会了几个口语单词，今天比昨天多读了几页书，今天比昨天做事的效率就提高了一点。这些，都是进步，都是我们将来更加稳定地站在这个社会上的倚仗。

如果你觉得自己对现状不满足，对现在的生活不满意，那么，这个习惯是你真正所需的，因为每天进步一点点的要求并不苛刻，你完全可以做到，对你的生活规律理论上来讲不会打扰太多。但是只要一天天坚持不懈，那么终有一天就会惊奇地发现，在不知不觉中，你已经脱颖而出，摆脱了那些曾经让你难受的“现状”。

巴黎的一家公司因经营不善被美国的某公司兼并，在签合同的那天，新的老板在全体大会上宣布：“我们不会随意裁员，大家可以继续安心工作，但是你的英文一定要过关，否则的话我们的很多工作难以展开，所以两周之后将进行一次测试，对那些不能达到要求的人，很抱歉，我们将不得不请你离开。”

会议结束之后，很多人都跑到了市里的图书馆，赶快补习语法和单词储量，但是其中却有一个人像往常一样回家了，同事们都觉得这个人应该是直接放弃了，毕竟在这里他的资历不高，学历水平也是一般。两周后，考试如期进行，但是令人大跌眼镜的是，那个被大家公认可能考砸的人，却考出了当时的最高分。

经过了解，大家才知道，原来这位员工，大学毕业之后就直接来这家公司上班，那时候他已经意识到公司经常和美国人打交道，自身的英语底子并没有多硬。所以，虽然工作很忙，但是他从那时候就开始自己学习英文,每天都坚持读半个小时以上的语法书,在工作上也很注意积累。大家都很诧异他这么厉害，他却笑着说：“我并没有多厉害，我每天只记 10 个单词和 10 个语法点，我能在今天取得这样的成绩，是日积月累的结果。”

每天进步一点点并不是遥不可及，它不需要消耗你很多的精力，因为真的是一点点；也不需要你要有多大的运气，因为这并不是可遇而不可求的事情。只要你不是自视清高，不屑在小事上投以关注，不是眼高手低，自视甚高地自以为做那一点点降了“身份”，大家都可以达成这个目标。

永不满足，永不停步，永不回头，用平和的心态追逐梦想，每天坚持不懈地努力，热情而不狂躁、执着而不偏执地矫正错误。每天晚上月上枝头、夜深人静的时候会觉得心里无比充实，坦然自信地面对每一天，因为自己从未辜负这些美好的时光。

进步一点点就可以，但要坚持每天都是如此。不因悲欢离合而起伏，不随阴晴圆缺而波动，不允许每一天的虚度，不接受每一天的庸碌，不原谅每一天的懒散。

记得每天要勤奋一点点、完美一点点、积极一点点、学习一点点、改变一点点……只要每天进步一点点并且坚持不懈地走下去，不久的将来就会发现，你已经默默地创造了一个意想不到的奇迹，在不动声色中酝酿了一个真实感人的神话。

学会忍耐，沉住气方能成大器

忍字是“心字头上一把刀”，要做到忍，确实不容易，虽然忍耐是痛苦的，但结果往往是甜蜜的。

忍耐是一种修养，忍耐的限度很难界定，有时候，忍与不忍仅仅是一瞬间的选择。当你心生怒火时，强忍下来，不做任何反应，过了一段时间以后，再来考虑和处理这件事情，说不定又是一种结果，两种结果，两种心情。

忍耐是人类最伟大的品质之一，它可以使你在忍受痛苦时迎接黎明的到来，使你在接受考验中抓住瞬息的机会。学会忍耐，你就能在风雨过后的晴朗天空下展开翅膀，施展自己的抱负，实现自己的梦想。

有人说，忍耐就是麻木不仁，就是懦弱窝囊，其实正好相反，忍耐更需要自信和坚韧的品格。能以牺牲自己的小利而保全大局，善于从容退让，这不是窝囊；对他人的小过失不理会、不计较，这也不是窝囊；失败后，能忍受暂时的屈辱，在暗地里默默积蓄力量，这更不是窝囊。能做到这些的，都是真正的男子汉大丈夫。

“将军额上能跑马，宰相肚里可撑船”，古往今来，那些最终成就大事的帝王将相，每一个人或多或少都有过忍让的经历。形势不明时必须忍耐，却不能忘记自己前进的方向；当环境所迫或者与人发生矛盾和冲突时，有理智的人总会保持清醒的头脑，一直忍到苦尽甘来的时候。

愚蠢的人快乐一时，却痛苦一世；智慧的人痛苦一时，却能快乐一世。所以，智慧的人应该明确忍让是一种大智大勇的表现。忍让更是一种人生境界，在得失荣辱、是非曲直面前，它可以让人更加平静地面对，最终收获一份丰厚的人生果实。

孙磊今年刚刚 19 岁，本应该在大学校园里读书的他，却因故意杀人罪被判处死刑。

孙磊出生在一个农村的小镇上，父母虽然都在外地打工，但家里并不富裕，父母还是竭尽所能供孙磊读书。孙磊也不负众望，以全镇第一的成绩考入了本省的一所重点大学。

在孙磊所在的班级里，很多同学都家庭殷富，有的人甚至开着豪车来上学。面对这些同学，孙磊总是感觉有些自卑，而那些有钱的同学也总是欺负孙磊，嘲笑他的贫穷。孙磊对此很是气愤，但又实在不知怎么回击他们。

一天，同学们正聚精会神地听一节历史课。坐在孙磊后位的一名叫赵科的同学猛地推了一把孙磊的椅子：“你为什么要撞我的桌子？”

“我分明没挨你桌子。”孙磊觉得赵科又在找茬，回顶一句后便继续听课。

下课后，老师刚离开教室，赵科就举起椅子往孙磊后背砸去。等孙磊明白过来是怎么回事,后背已疼痛不已。愤怒的孙磊与赵科扭打在一起，随后支撑不住，被同学们送去了附近的医院

在那次冲突中，孙磊折了两根肋骨。

出院后，孙磊回想起赵科平日里的所作所为和对自己的种种行为，越想越恼火，委屈、愤怒、仇恨一齐涌上孙磊的心头，一个疯狂的念头从他的脑海中闪过。

一天傍晚，孙磊把一把水果刀偷偷地藏在口袋中，约赵科在学校附近的一个小树林见面。当赵科刚一出现，孙磊便拿着水果刀向对方的胸口刺去。一顿狂刺之后，孙磊消失在漆黑的夜幕里。

当警察找到孙磊的时候，孙磊才知道赵科被捅后当场死亡。于是，一个正值青春年华的大好青年锒铛入狱。

如果孙磊能忍一时之气，或用自己的真心去换得别人的真心，便不

会发生如此的悲剧了。

真正的忍耐不仅在脸上、口上，更在心上，真正的忍耐是不需要力气、分毫不勉强的忍耐。人要活着，必须以忍处世，忍穷、忍苦、忍难、忍气，也要忍富、忍乐、忍利、忍誉。以忍为动力的同时，还要发挥忍的生命力。

不可否认，钓鱼可以培养人的耐心和忍耐力。在水边一动不动，一坐就是半天，这本来就是一种修身养性的好方法。而且，钓鱼的地点大多是那些山明水秀的地方，看看远处的山，近处的水，心情自然美妙无比，心情一好，还有什么忍耐不了的？

忍耐不是消极颓废，在沉默中悄然降下信念的帆篷；忍耐不是逆来顺受，屈服于命运之神的诱惑和调遣。相反，与忍耐相关联的是强烈的进取心、意志的磨炼、爆发力的积蓄；是用无形的烈焰融化坚冰，用无声的奋斗冲破罗网。

挑战极限：通过潜意识让自己的潜能发挥出来

如果将人类的整个意识比喻成一座冰山的话，那么浮出水面的部分，约占意识的5%，而剩余的95%隐藏在冰山底下。这95%就是人类的潜意识，就算爱因斯坦、爱迪生等天才级别的人物，一生中也不过运用了他们潜意识的2%。可见，潜意识的力量是非常巨大的，它的力量是一般意识的3万倍以上。可以说，每个人的心中都沉睡着一个伟大的天才，只要我们懂得挖掘潜意识的能量，就能实现我们认为不可能的目标。

人脑接受信息的过程分为有意识接收和无意识接收两种，有意识接收是人脑对事物的刺激有知觉地接收；无意识接收是人脑对周边事物的刺激不自觉地接收，这就是所谓的潜意识。潜能开发是指给大脑丰富而充足的刺激，诱发脑部激活各项功能，使其随着大脑发展的进程更为完整。也就是通过潜意识，让自己的潜能显露出来。潜意识内聚集了人类数百万年来的遗传基因层次的资讯，囊括了人类生存最重要的本能以及人类过去所得到的所有好的生存情报，只要懂得开发这股与生俱来的能力，许多看似遥不可及的愿望变得唾手可得。那么潜意识跟潜能究竟有着怎样的内在联系呢?

（1）潜能来源于潜意识，在一定程度上，潜能就是潜意识。开发潜能的过程，就是诱发潜意识的过程。

（2）潜意识又称“右脑意识”，是人类本身拥有却忘了使用的能力，是相对于意识而存在的一种思想。潜能的能量就藏在我们沉睡的潜意识当中。

（3）潜能开发是直接作用于潜意识层面的一种心理技术，潜能开发首先要认识潜意识的规律，而催眠是唤醒潜意识最有效的技术。

要想了解催眠在开发潜意识过程中的威力，还得先从催眠的实验性案例开始讲起：

催眠师将举重冠军催眠后，不断地对他说：你无法拿起桌上的那支铅笔。接着，神奇的事情发生了，虽然这位冠军平时能轻而易举地举起300多磅的重量，但他竟然尝试多次却始终拿不起桌上的一支铅笔。尽管他试图用尽力气，尽管他肩膀上的肌肉已经由于发力而鼓了起来，但手还是连拿起一支铅笔的力气都没有。

事实上，催眠师并没有削弱运动员的力量，力量和平常没有什么两样，可为什么测验结果却这样出乎意料呢？运动员在心理上是想拿起铅笔的；在生理上，他的肌肉也有了相应的收缩反应，可为什么他还是没做到呢?根源就在于他的潜意识被人操控了。在运动员被催眠后，他被催眠师传递进去一种潜意识——你拿不起来。当他接受了这个新的潜意识时，身体就会自然而然地产生相反的力量来抵消掉手上试图举起铅笔的力量。也就是说，是那个“你拿不起来”的限制性潜意识打败了他自己，使他不能发挥出自己原有的力量。

再举一个例子：当一组受试者处于一个相同的自然环境下，催眠师在受试者进入休眠状态后，分别向他们暗示：你的手臂很痒，你被冻住了，你的鼻子流血了，你变成了石头塑像……过了一段时间后，每个受试者做出的反应均与暗示的内容有关。他们的潜意识被注入了不同的引导，所以他们的生理有了不同的反应。可见，潜意识不仅是可以被控制的，而且潜意识本身是没有选择的，你暗示它什么，它就接受什么。所以，我们在为自己设定一种潜意识时，一定要保证这种信念的正确性和积极性，避免误入歧途。

通过这两个例子，你是否已经大概明白，催眠的神奇之处不过是一种潜意识的控制或者叫心理暗示的力量。催眠并不是很多人想象的那样，"只是让人睡着"。它的根本作用在于，让你在个人意识最薄弱的状态里去相信另一个人说的话或者另一个人灌输的信念，并在另一个人的指引下完成一些动作。这里面有一个关键点，那就是只要相信催眠者的话是真的，就会出现与平日里完全背离的现象，这就是潜意识的力量，也是你本身具备的，却一直没有发现的潜能。

潜意识大师摩菲博士曾说："我们要不断用充满希望与期待的话来与潜意识交谈，潜意识就会让你的生活状况变得更明朗，让你的希望和期待实现。"潜意识如同一部万能的机器，只要你肯挖掘它，了解它，积极地控制它，你就能掌控自己的命运。

改变心理图式：时刻提醒自己，别犯懒

懒惰，通常被认为是弱点或推卸的标志。懒惰，是你不想面对的东西，但你却在潜意识里无时无刻与它对抗。这常常令你纠结，令你不知所措。每次懒惰的怪物向你逼近时，你总是选择退后、再退后。它仿佛潜伏在你内心的一个魔鬼，总能操控你的理性。实际上，懒惰远没有你想象的

那样可怕，它只是躲在你潜意识里的一种惯性，你可以通过一些技巧和训练轻松摆脱掉它的围追堵截。

首先，我们先解释下什么是懒惰，懒惰的本质其实就是“拖延”：你明知道这件事该做或必须做，却总拖着不去做；然后心里伴有强烈的焦虑感和负罪感。你或许经常碰到这种情况：做一件事老是找借口往后拖，尤其是自己不喜欢或不感兴趣的事情，然后心里对自己产生了一连串“妈妈式的唠叨”：明天就开学了，你怎么还不去写作业？这么胖了，你怎么还不开始减肥？马上英语考试了，你怎么还不去背单词？这些自责的情绪无时无刻不折磨着你，但你仍然无动于衷，还是拖到了最后一刻才去做。其实，你所有的行为都是一个心理现象的表层呈现而已，你不解决它内在的深层的心理结构和认知格局问题，你是无法改变你犯懒拖延的病症的。

犯懒不是小问题，它就像沙漠植物，表象看上去就一点点，其实土壤之下盘根错节，只有连根拔起才能从根本上解决问题。解决犯懒的毛病在很多人看来都不是易事，因为你平时为了拖延一个任务，比如写论文，就会把时间花在刷微博、聊微信、打游戏这些无意义的事上。这些事让你轻松，让你忽略拖延带给你的负罪和焦虑，所以你的大脑和心理就更容易趋向于这种舒适和轻松的感受，从而加重拖延现象。所以我们今天就来介绍几个比较靠谱的解决办法：

（1）把创造性的工作分解成机械性的劳动去完成。

会犯懒的一大主要原因就是我们对要做的事情没有强烈的兴趣，或者拥有完美主义要求这两种极端情绪。所以我们一旦想到要去做一件并没有太多乐趣或者达不到自己要求的事情时，就会忽略或退缩。但是一旦你把这些事情分解成机械性的劳动，那就变得很容易克服了。比如你正在准备高考，文科有太多需要理解和记忆的东西，你烦透了这种繁复的工作，你也害怕自己浪费了时间和精力，最后却没达到理想的结果，一想到这些你就泄气了，怎么办呢？你可以把这个庞大的工程分解成机械性劳动，既然不想背书，那就抄书，这个时候你不用时刻去想后面还有多少内容，只要每天抄写完规定的页数就算完成任务。这样一来，庞大的工程开始被分解成一个个小工程，你开始追求自己是否完成了今天的抄写任务，而不去过多考虑最后的结果，实际上最后的结果也不会让你失望。

（2）给自己预留一个缓冲的空间。

通常考生们在做语文试卷时，都会先翻开试卷最后一页看一眼作文题目。先看作文题目，不等于先写作文，我们只是把题目印在脑子里，让它慢慢地生根发芽。在做其他题目时，存在潜意识里的作文题目其实一直在不停地运转，你的潜意识会帮助你搜罗作文需要的材料，等做到作文题时，你的构思其实已经有了雏形。所以，你如果实在犯懒不想马上着手去做时,可以强迫自己先去把任务了解一番,然后在拖延的过程中，让潜意识去自由发挥。等潜意识酝酿好了，你就能以最快的速度和效率去完成了。

（3）利用外界群体的压力消解你的犯懒情绪。

你知道欧美的精英圈子里的人为什么身材都那么好吗？因为他们有社群压力。在他们的观念里，肥胖意味着一个人意志力薄弱，自控力差，而一个没有良好自控力的人是很难成就大事的。所以肥胖就等同于没有能力，在社交圈里就会被人瞧不起。同理，当你想要开始一项任务时，你可以加入一个专门的圈子，比如你要健身，就加入一个健身达人圈，当圈子里的人每天坚持不懈，每天发健身成果的炫耀帖时，你的潜意识就会催促你赶快跟上大家的步伐，你就会用虚荣心推动着自己克服犯懒情绪，然后在任务完成的一刻也去炫耀自己的成果，获得满满的成就感。

如果你想好好地把握自己的人生，你就必须要克服惰性。当你感受到懒情绪来犯时，必须第一时间跳出来遏制住它。渐渐地，你的潜意识会被你强大的反制力驯服，从而彻底摆脱犯懒和拖延，让自己每一刻都活得充实，有价值。

永不言弃，做事不要给自己留退路

想要成功的人应该有破釜沉舟的勇气，要想成功人就不能给自己留有退路。将自己置于绝地，无路可退的时候，你就只能向着前方前进，才能最大化地激发自己的潜能，才能摆脱险境，取得成功。

不留退路的人，往往能更快地找到出路。当你后退的时候可能还在为自己当时留有的退路感到欣喜，觉得自己思虑周全，安排妥当。可是你是否有想过，一次次地走在退路上，也就是一次次在通往成功的道路上折返，离成功只会越来越远。因此，要想不断前进，就要敢于把后路切断，只有这样才会义无反顾，勇往直前地向着目标前进。

走在人生的道路上应该有把自己逼上绝路的勇气，也应该有永不言弃的精神。因为，人生的道路不是坦途，总会有风雨，也会有荆棘，当遇到困难的时候，用不同的状态面对，自己的人生也将呈现不同的状态。敢于破釜沉舟、不轻言放弃的人，会向着成功一点一滴地前进，并在最后感受成功的喜悦。那些畏难而退的人，虽然不用体会苦难，不用承受痛苦，但是他也无法品尝成功。

生活中那些事事为自己留有退路的人，从根本上说是不自信的人。他们没有信心自己一定可以成功，所以才会在事情开始之前给自己留下退路。说白了，他们从一开始就准备承受失败。没有必胜的信念，成功的几率又有多少?

在前进的道路上不给自己留退路，因为一旦给自己留有退路，也就给了自己后退的理由。给自己留有退路的人内心往往比较脆弱，面对困难他们不敢挑战，往往寄希望于自己的退路。选择了退路，表面上看比较安全，不用经历风雨，但也失去了经历风雨之后看到彩虹的喜悦。

不留退路，并不是把自己逼上绝路，而是为了能够打开前进的道路。当你把自己所有的退路都切断的时候，剩下的就只有前进一条路。既然已经无路可退，也只能全力去解决眼前的困难，专注的人往往能发挥最大的潜能，阻碍成功的绊脚石也将被一块块踢开。

古今中外，有很多智者用过切断退路来逼自己成功。著名的画家徐悲鸿年轻的时候赴法留学。国弱民贫，中国的留学生遭遇种种不公正待遇，还要遭受人格的羞辱。一名外国学生在公众场合大肆污蔑中国人："中国国家贫穷，民众愚昧，即使把中国人送到天堂去深造，也不可能成为人才。"

这样的言论让徐悲鸿非常愤怒，对那个学生说道："既然你瞧不起我的国家，那么我们就代表各自的国家，在毕业的时候看看，到底谁是人才，谁是蠢材。"以国家的荣誉为赌注，徐悲鸿切断了所有的退路。在这之后，他更加发愤图强，到各处临摹大师的名作，在图书馆查阅各种资料，不断充实自己。在他毕业的时候，他的《远闻》、《琴课》等画作在巴黎展出，一举引起整个巴黎绘画界的震动，而那个挑衅的外国学生也低下了头，向徐悲鸿道歉。

对很多人来说，并不是他缺少获得成功的才华，而是缺少获得成功的意志。意志力坚强的人，遇到困难想到的是如何去克服，如何继续前进，他们不会考虑后路。这种不给自己留有退路的精神，能够让一个人心无旁骛，全神贯注在自己的目标上。切断了所有退路，也才能发现那条通向成功的道路。

有了目标就不要给自己留有退路，留下的退路，其实是"失败"的道路。要想在成功的道路上心无旁骛地前进，就必须抛弃退路。内心里的一条条退路，其实是自己为失败找的一个个借口。一条条退路，也会将一个人的精力和注意力分散，导致你无法专注于前方。其实很多人的失败就是败在了一条条退路上。那些不留退路的人，敢于背水一战，勇于从绝境中找寻生路，从而取得成功。

人生的很多成败都只在一瞬间——敢不敢将自己的退路切断。那些敢于不留退路，永不言弃的人，能够将自己的一切集中到前进的道路上。没有了后退的理由，就只能向着自己的目标全力前进，成功也就近在眼前。而退路说到底就是逃避，只是失败的借口，拥有退路的人多数时候是无法取得成功的人。所以，为了成功，不要给自己留退路。

不能让自己活得太舒服

每个人都想自己的人生能够一帆风顺，每个人都希望自己能够顺顺利取得成功。但是，太过顺利的人生根本不存在，人生不如意之事十之八九。而且，即便有这样的人生，也不值得艳羡，没有经历风雨的人生不仅脆弱而且毫无精彩可言，就像一张白纸一样容易破碎而且没有色彩。

人类的天性中有贪图享受的一面，生活当中我们都渴望拥有舒适的生活。当然，追求安逸的生活无可厚非，但是过度沉迷于享乐却是一件危险的事情。过度沉迷于享受的人，不仅身体的功能会退化，精神方面也会受到极大的影响。贪图享受的人，进取心会逐渐被消磨掉；安逸的生活过多了，惰性也会乘虚而入；太过于享受安逸，时间久了，也会丧失对生活的热情。总之，太过沉迷于安逸的生活，最终只能是迷失自我。

其实，真实的人生应该是不断迎接挑战，不断折腾，不断成长的人生。当你不再折腾，不再发展的时候，你的人生也将死亡。人生在世就要不断折腾，不管是折腾自己还是折腾别人，通过不断地折腾，你会发现自己在不断地成长。要想不被社会抛弃，就不能让自己过得太舒服，就要不断折腾自己。

人生不能过得太过舒服，要想成功，就要经历一番苦难，要想有所收获，就要吃一番苦头。没有经历坎坷和挫折，就没有克服困难的斗志和勇气。只有那些不沉迷于安逸的人，才能在面对困境的时候激发出自己的潜能，支撑自己走出困境。而迷恋舒适生活的人，面对困难的时候必然会选择逃避。所以，要想自己的人生精彩，就不能让自己安逸。

没有什么人可以随随便便成功，成功的人士都有着丰富的经历，他们可以山珍海味，也可以粗茶淡饭；他们可以睡洋房大床，也可以睡陋室地板。所以，不要羡慕成功人士的辉煌，更要了解他们在成功之前一次次的自我突破。

徐俊是迪卡侬亚洲区 IT 经理。在大学的时候，徐俊学习的是信息工程，由于成绩优秀，毕业的时候，校方希望他能够留校任教。但徐俊认为这样安逸的生活并不适合自己，最终选择了留学法国。

在巴黎高科电信学院毕业前夕，徐俊找到了一份不错的实习工作——法国电信集团的实习工程师。工作体面，薪资也算丰厚，而且也让自己的所学有了施展的空间。但是工作了一段时间之后，徐俊对现有的工作做了一次认真的审视，他发现这种朝九晚五的工作远离了自己的职业需求。

就在这个时候，他在法国的同学向他发出了一起创业的邀请。具有挑战性的工作让徐俊很兴奋，并答应出任这家公司的工程师。由于公司是初创时期，徐俊要负责各个方面的工作，他既要为公司寻找客户，又要参与公司产品的开发，不过这种忙碌的节奏却让徐俊觉得很充实。经过两年的努力，他们的公司进入了平稳发展的时期，徐俊的工作再一次趋于平和，他只需要在日常当中维护好与客户的关系。工作再一次陷入平淡当中，徐俊也再一次觉得失去了工作的激情。

过于平淡的生活和工作让徐俊觉得自己要有一些改变，因为他觉得如果继续安逸下去，自己的激情与斗志都将被消磨掉。他希望自己的工作当中能够增加一些挑战，因此他决定回国寻找机会。凭借良好的学历以及丰厚的工作经历，他很快拿到了迪卡侬亚洲区 IT 经理这一职位。一切都要重新开始，从招聘人员到新员工培训，从成本核算到客户开发，公司的方方面面徐俊都要兼顾。在完成这些工作的时候，徐俊也对自己进行了一次增值，他的工作能力得到了进一步的强化。忙碌的工作也让徐俊再一次找到了激情和斗志。

生命在于运动，人生何尝不是，让自己的人生处于不断的“折腾”当中，自己的人生才能精彩不断。因此，别让自己的生活太过舒服，习惯了安逸的生活，也就失去了应对挫折的能力。

不要妄想自己的一生可以一帆风顺，也不要期望自己能够在安逸中度过一生，因为这根本不现实。人总有懒惰、拖延等负面的心态，这些负面的心态会在安逸当中疯狂地滋长。因此，要想保持积极的状态，就要不断接受挑战，不断折腾自己，切不可做“温水中的那只青蛙”。

不光要狠，更要有大气魄

我们都渴望成功，却有很多人不愿意为成功有所付出，在实现自己的目标的途中，很多人因为苦难选择了放弃。还有一些人总在幻想“天上掉下个馅饼”，然而事实却一再告诉我们：天上不会掉馅饼，想要不劳而获，最终将什么也得不到。那些半途而废、想要不劳而获的人内心往往比较脆弱，这些人无法承受失败的打击，在面对困难的时候他们纵容自己，选择逃避，就像鸵鸟一样把头埋进沙子，但是失败不会因为你的无视而消失。

很多人之所以不能成功，并非能力不行，而是对自己不够狠，这里所说的“狠”并非好勇斗狠，而是对自己要严格要求自己，严格管理自己。物质生活极大提高的现代，外在的诱惑越来越多，如果不能理性地管理自己，人生也将必然走向歧路。人的天性中有贪图享受的一面，当外界的诱惑来临时，很多人不懂得拒绝，陷入安逸当中，停滞不前。其实不论是外界的诱惑还是自身的缺陷，要想克服这些内在、外在负面因素的影响，就要对自己“狠”一点。

对自己狠一点并不是要虐待自己，而是要克服自身的弱点，让自己不断成长。对自己狠一点也是一种自我挑战，为了适应社会的发展，自我也应该不断突破。在生活和工作中，很多人因为各种各样的原因不能严格要求自己，这些人或者因为懈怠，或者因为诱惑，抑或因为害怕失败，在实现自己的目标的时候不能坚持到最后，最终与成功擦肩而过。因此，不论是磨炼自己的精神意志，还是提升自己的工作能力，对自己狠一点，要求严格一点，在接受挑战面对困难的时候就能始终保持昂扬的斗志。

对自己狠一点，严格要求自己，在人生的道路上不会半途而废。但是单单凭借“狠”，一个人还无法成功。要想成功，还必须具有大气魄，古往今来，那些具有大成就的人物，无一不是拥有大气魄的人。拥有大气魄的人，在面对考验和困境的时候，拥有超人的胆识和过人的胆色。他们敢想敢干，敢作敢为。当然，他们的敢为并非莽撞，而是在理性思维支撑下直面风险的勇气。

每个人拥有梦想，渴望成功。但是能够实现梦想，成就一番事业的却只是少数人，太多的人一生都与成功无缘。通过观察不难发现，无论是政治上的风云人物，还是商界巨贾，在他们身上都有大气魄，他们拥有敢于承担风险的勇气，敢为常人所不敢为。拥有大气魄的人，内心坚毅，在通往成功的路上不会彷徨，也不会被外界的诱惑干扰，只会向着自己的目标前进。反观那些失败者，他们内心总是犹豫不决，逃避风险，不敢尝试，他们的一生也只能在逃避中碌碌无为。

拥有大气魄的人往往胸襟宽广，他们不但能掌控自我，也能容纳不同人的意见。随着社会的发展，竞争也日益激烈，没有谁可以独自去完成一件事情。拥有大气魄的人，他们的容人之量总能吸引一批优秀的人才聚集在周围，为了共同的目标而努力。气度恢弘的人不会为蝇头小利所累，他们能够清晰把握住自我，明白自己的目标在哪里，在实现目标的路上不会拐上歧路。

每个人都应该把握住自己的人生，看清楚自己的目标。在为理想奋斗的过程中对自己狠一点，因为没有哪个人能在一味放纵自己的过程中取得成功。当然，拒绝行走的人不会被绊倒，但是同样也不会接近自己的理想，他不用承担风险，也不会被成功接受。严格要求自己的同时，还应该保持大气魄，没有了大气魄也就失去了敢于尝试的决心，也将与机遇错失。没有大气魄，也就失去了周围人的信赖和支持，从而也就失去了成功的基础。因此，要想让自己的人生不至于碌碌无为，就要严格要求自己，让自己拥有一颗大度的心。

一个人要想成就一番事业，就要做到严于律己，宽以待人，掌控自我，把握自己的人生。在实现自我人生价值的时候，一定要对自己“狠”一点，只有严格要求自我，不断超越自我，人生才能不断前进。另外还要有大气魄，虽然拥有大气魄未必会成功，但是成功者必定拥有大气魄。

第三章

自愈力：掌握自控力，高效的人从来不输给情绪

很多时候情绪的好坏直接影响着要做的事情的成败，情绪的重要性不言而喻。情绪是可以优化的，更是可以控制的，我们也正是在对情绪的优化过程中获得了成长。高效的人从来不输给情绪，优化自己的情绪，是对自己自律力的一种磨砺，也是对生活的一种执着的体现。

懂得变通，不要牺牲在牛角尖里

撞了南墙也不回头的人，不是执着，而是钻进了牛角尖里却不自知。人们常说“条条大路通罗马”，尤其是在当今这个瞬息万变的社会，墨守成规的结果往往是什么都做不成。有时候不必太过执着，多一点变通，让生活转个弯，反而会收获更多。

有些人过于倚重经验，虽然经验能够帮助我们规避陷阱，少走弯路，但凡事都有两面性，一旦被过往的经验束缚了头脑，被习惯性的思维关进了樊笼，经验就会成为无法突破自我的枷锁。

做人做事不要太死板，在适当的时候要学会摒弃经验主义，具体问题具体分析。只有这样，我们才能在理性分析的基础上，找到通往成功的有效路径。

高亚所在的乡镇近两年推广苹果种植，由于这里紧靠高速，运输方便，吸引了不少人前来采购。

乡亲们看到采购的人络绎不绝，而且价格也不错，于是一窝蜂地种苹果树，连周围乡镇也刮起了一阵“苹果风”。高亚是最早一批种植苹果树的农户，也确实赚了不少钱，但令人不解的是，这年开春，他把好端端的苹果树全部砍掉，种上了柳树，此举一度成为当地的热点新闻。

“好端端的苹果树真是可惜，换作是我，肯定每天起早贪黑地伺候果树，哪能舍得就这么砍掉，真是可惜！”

“有钱不挣真是傻子一个，高亚这小子就是吃饱了撑的，他自己要砍树，不想挣钱，谁能拦得住。”

……

高亚经常会听到这样的风言风语，但他从不为自己辩解，而是一笑而过。三年后，大家一窝蜂种植的苹果树终于迎来了收获季，但这并没有给乡亲们带来丰收的喜悦。由于苹果产量增长了好几倍，采购价格非常低，但为了避免更大的损失，大多数人都选择了低价出售。

当所有人都为出售苹果发愁的时候，高亚却在喜滋滋地迎接客户，原来他种植柳树是为了编制礼品筐。柳条编制的水果篮独具特色，十分雅致，装好水果简单一包装就是一个特色水果礼包。在各大超市、批发市场,这种柳条编制的水果礼包非常受欢迎。高亚的柳条筐在当地独一份，因此不仅很快售空，还卖出了非常不错的价格。

直到这时，人们才意识到，高亚当初砍掉苹果树不仅不愚蠢，反而是“懂得变通”。大家只知道种苹果赚钱，却没想到一窝蜂种植苹果树只会压低苹果的价格，陷入“种苹果赚钱”的牛角尖无法自拔。

要想获得成功，就要懂得变通，尝试各种不同的道路以及方式。如果一味钻牛角尖，非要在一条不通的路上走下去，结果只能是遍体鳞伤，根本无法到达终点。可是，怎样才能让自己更懂得变通呢?

第一，换个角度看问题。

你百思不得其解的问题，站在旁观者的角度来看很可能只是个小问题，所以当你迟迟找不到解决办法时，不妨换一个角度，转换思维，寻找新的突破口。

第二，学会跳出惯性思维。

惯性思维是导致我们钻进牛角尖的一个重要因素。如果不想被其束缚失去变通能力，那就从现在开始跳出惯性思维，有意识地用新办法解决问题。

第三，辩证性地看待问题。

从哲学角度来讲，任何事物都具有正反两面性，要学会用辩证的眼光看问题，从正反两方面，不同的角度、立场去思考问题。只有这样我们才能懂得变通的意义，才不会被思维困在原地。

在错误的路上，越执着的人往往错得越离谱。千万不要被固化的思维束缚住头脑，学会变通，才能更容易找到通往成功的路，收获更加快乐的人生。

冲动的时候要踩急刹车

人是情绪化的动物，难免会在冲动的时候做出过火的举动。但是，因为一时冲动而怒不可遏，往往会因非理性的言行把局面搞砸，最后无法收拾。懂得减少冲动和任性，无疑是个人成熟的表现。

实际上，愤怒源自内心情感的放纵，以及对现实的无法掌控。当自己无法“为所欲为”的时候，任何人都会变得歇斯底里。图一时之快往往要付出代价，冲动而为从来都与睿智相去甚远。懂得克制冲动，才能理智做事，减少人生遗憾。

一个小镇发生了一起杀人案。一个人在家中被人砍死，家人也被砍伤。死者身上有七处刀伤，而且刀刀致命，作案手段非常残忍。

当地警方在第一时间到达案发现场，凶手畏罪潜逃，留下了作案用的砍刀。在死者家人的指认下，罪犯嫌疑人终于被警方抓获。

在警方的问询下，罪犯说：“我也是一时冲动，为了发泄内心的不满，才出手伤人。”原来，罪犯嫌疑人和死者的女儿曾经是恋人，但是因为年龄悬殊遭到了死者的反对。

而直接导致罪犯汤姆过激杀人的是不久前的一次冲突。当时，罪犯嫌疑人去死者家中做客，双方争执起来。后来，死者一怒之下拿起木棍狠狠地教训了罪犯嫌疑人，才为后来的杀戮埋下了祸根。

从那个时候开始，罪犯嫌疑人就想找机会报复，于是出现了开始的一幕。因为一时冲动，伤害女友的家人，最终让自己无路可退。

汤姆的故事证实了“冲动是魔鬼”的道理，但是为什么依然有那么多人仍旧铤而走险，做出一些让人不屑的事情呢？如果不是冲动的原因，他们也不会在怒火攻心之下犯罪，酿成无法挽回的血案。世上没有如果，一时的冲动会让人产生捶胸顿足的懊悔，这种代价未免太大了。

冲动带来的负面影响远远超出人们的想象，那么如何才能让怒火平息呢？

第一，从积极正面的角度想问题。有人说，把火气发泄出来有助于心理健康。但是一项研究表明，这是一种糟糕的做法，对于平复内心情绪毫无帮助作用。心理学家推荐了一种科学方法，那就是自觉地从积极、正面的角度看待外界的“冒犯”。

比如，开车的时候一辆车快速从旁边经过，这时应该想到“他应该有什么急事吧”，或者“可能我开得太慢了”。这样一来，你的怒火就被消灭在萌芽阶段。这是一种极为有效的控制负面情绪的方法。

第二，一个很简单却很有效的方法：坐下来。产生剧烈情绪波动的时候，血液中的去甲肾上腺素含量明显增高，这种血液成分会大大加快血液循环，使人活力倍增。而当一个人全方位地舒展躯体和四肢后，随着活动空间的大幅度扩展，血液循环又进一步得到加速刺激，从而令人容易引发争吵。

产生情绪波动的时候坐下来，是通过抑制生理能量供应来减弱怒火。遇事不慌不忙，保持冷静理智，自然容易让心中的怒火慢慢消散。怒火的爆发就像高速飙车，害人害己；理智则是控制车速的关键，也是保护自己和他人的盾牌。愤怒并不是一种勇气，真正的心灵强大是保持冷静、理智。

保持冷静，换一种视角看问题

心理学研究发现：人在冷静的状态下，更能保持清晰的思考，所做出的抉择也会更明智；相反，在情绪冲动的状态下，则很容易会做出非常愚蠢的举动。尽管人人都知道“保持冷静”很重要，但事实上绝大多数人都会被情绪所控制，处在盛怒当中的人，谁还能记起自己需要保持“冷静”这回事呢？

当下班回家，发现所有贵重物品都被偷走时，你能保持冷静吗？

当领导给溜须拍马却什么都干不好的同事加薪升职时，你能保持冷静吗？

当相恋几年马上要结婚的女朋友突然提出分手时，你能保持冷静吗？

当你突然接到亲人重病的消息时，你能保持冷静吗？

……

事实上，在遭遇上述这些状况的时候，我们很难保持冷静，于是我们情绪激动地咒骂小偷而忘了及时报警，我们愤怒地发泄对领导的不满却没有提出任何反对意见，我们粗暴地批判女朋友的负心却没真正关心过对方要分手的原因……

情绪是我们对外界信息的一种正常反应，但如果“情绪”太过激动，不能及时地冷静下来，则往往会造成更加严重的后果。

小瑞是某广播电台的播音员，这天她收到了一位听众的来信：

在 ×× 期的旅游栏目中，贵台出现了一个非常不可思议的错误，泰姬陵明明是印度的著名旅游景点，结果播音员却说成了泰国。这种常识性的知识都能弄错，贵台播音员的专业水平实在不怎么样，如此漏洞百出的播音员就应该做辞退处理，否则肯定会给听众造成误导，听众就是上帝，希望贵台能够重视听众的来信和建议，期待贵方能在栏目中做更正，同时严肃处理此事……

看完这封信，小瑞十分生气，诚然自己在做节目时是出了错，应该改正，可这名听众的态度实在是太恶劣了，不仅语言极其粗暴，把自己批得一无是处，居然非常严肃地要求领导辞退自己，真是让人忍无可忍。

于是，她提笔立马写了一封回信，“我承认我在介绍泰姬陵时，把国别说错了，但我工作这么多年，从没见过像你这样粗鲁无礼，言语如此具有攻击力的人，我的节目一点也不欢迎像您这样的听众……”

信写好后，在准备寄出去的时候，小瑞突然冷静下来仔细想了想，这样做确实可以发泄自己的怒气，可是除此之外并没有什么好处，如果这名听众被激怒了，打投诉电话，投诉到领导那儿说自己工作态度不端正，那么很可能吃亏的还是自己。

转念一想，听众寄这封信，可能是处于好心，但言辞不太恰当，也可能是心情不好，纯粹写信来发泄，不管是哪种可能，貌似都不值得自己专门去回击，于是小瑞最终把写好的信放进了碎纸机。

越是在情绪激动的时候越要保持冷静，冲动是燃烧的火焰，唯有冷静才能浇灭这熊熊之火，那么在遭遇令人冲动的事情时，怎样才能有效保持冷静和克制呢？

（1）换位思考。

当上司拒绝了你的加薪升职申请时，先不要着急发泄情绪，这时候要想保持冷静不妨进行一下换位思考，站在公司领导层的角度想一想，为什么没有加薪升职，公司更愿意给哪些员工升职……换位思考，能够帮助我们快速浇灭情绪之火，从而保持冷静的思考状态，做出最有利于自己的决策。

（2）接纳现实。

我们愤怒、抱怨、冲动，往往都是由现实与理想的巨大落差造成的，我们期待受人尊重，可现实却被人指着鼻子骂，自然就会忍不住爆发。因此，要想保持冷静的办法很简单，那就是勇敢坦然地接纳现实，不管现实中有多少缺憾、事与愿违，都要平静地去看待，毕竟人生不如意之事十有八九，看开了现状自然也就不会情绪冲动，丧失理智了。

失去冷静的人是非常可怕的，他们毫不顾忌地发怒、奚落对手、摔东西、打人……如果不想变成失去理智的“疯子”，那么请保持克制，把你的过激情绪关进“自制力”编织的笼子里，以免它们跑出来伤人伤己。

自我纠正让你的内心更强大

一个要想成就大事业的人，不能随心所欲、为所欲为、感情用事，而应用理智对待一切，勇于纠正自己的错误。减少错误，修正缺点，就不会因为犯错陷入情绪失落状态，人生也会得到更多圆满。

即使是厉害的狮子，也不会攻击象群或在鳄鱼池里游泳。在每个人的身上或多或少都存在各种缺陷，但是如果懂得规避这些不足，甚至能弥补自己的短板，就会变得更加自信，从而保持良好的情绪状态。

在许多场合，灵活变通可以帮你摆脱尴尬，展示极富个人魅力的一面。这种强大的控场能力不但是高情商的表现，也是一种高超的社交能力。

第二次世界大战期间，英国首相丘吉尔来到美国首都华盛顿，会见当时的总统罗斯福。会谈中，他提出两国合力抗击德国法西斯，并要求美国给予英国一定的物质援助。这一提议得到了美国的积极回应，于是丘吉尔受到了热情接待，被安排住进了白宫府邸。

一天清晨，丘吉尔躺在浴缸中惬意地享受着，手中还点着一根特大号的雪茄烟。忽然，一阵急促的敲门声响起，随后罗斯福破门而入。被惊吓到的丘吉尔立刻站起来，结果来不及找到衣服蔽体，就被美国总统撞见了。两国首脑在这种情景下相见，场面实在尴尬。这时，丘吉尔充分发挥了自己的出色口才。他把烟头一扔，说道：“总统先生，我这个英国首相对你可是坦诚相待，一点儿隐瞒都没有啊！”说完，两个人哈哈大笑。

有了这个小插曲，双方的会谈也变得更加愉快，各项协议签署得异常顺利。或许，正是丘吉尔的情绪掌控能力发挥了积极作用吧。那句“一点儿隐瞒都没有”，不仅仅是为了调侃打趣，缓解尴尬的局面，更准确表达了坦诚相助、彼此信任的情谊。

强大的纠错与修正能力，是自信、机敏的表现。这种能力的养成不仅与外界环境紧密相连，还与内在的情绪掌控力有关。

当你愤怒或者伤心的时候，可以暂时将眼前的事情放一放，去做自己喜欢的其他事情，等平静下来之后再着手处理。此时，你会变得理性、清醒。这是处理情绪的有效方法，也会在最大程度上提升个人掌控局面的能力。

想要提高自控力，就不要把坏习惯当作敌人，而应看作朋友。只有心平气和地和坏习惯做朋友，你才能控制它们，趋利避害。此外，提高自己的思想素质，人就会变得从容很多，从而善于调节、控制自己的情绪和行为。

在这里，为大家介绍一个“磨练法则”，就是每天强迫自己去做一些不愿意做的事情，从而有效提高自控力。马克·吐温说过一句话，阐述了如何做到克己自制：“关键在于每天去做一点自己心里并不愿意做的事情，这样，你便不会为那些真正需要你完成的义务而感到痛苦，这就是养成自觉习惯的黄金定律。”

只要我们每天做一些不情愿干的事情，就会磨炼出色的自控力，等到真正在工作上、学习上遇到什么需要解决的问题时，就能目标明确并专注地去解决。

驱除自我否定的负面情绪

斯曼莱恩·布兰顿博士写过一本书《爱，或者毁灭》，里面有这样一句话：“适度的自爱，是一个人健康的反映；适度的自重，对工作和成功都大有裨益。”一个人学会爱自己，是健康成熟的重要标志；反之，自我否定的负面情绪会把一个人彻底摧毁。

有的人遇事习惯说“我不能”“我不行”，甚至把它们当成口头禅。这种恶习超出了不自信的危害，会彻底扼杀一个人的潜能。世界上没有一无是处的人，倾向于自我否定是一种愚蠢的行为。

心理暗示的作用极大，“自我否定”传递出消极的信号，意识就会按照这个指示下命令，而人的潜意识就会不加分辨地将这个命令完全接受下来。久而久之，“我不行”就会成为一种潜意识和本能反应，阻挡我们变得更优秀。

如果一个人长期被自我否定的负面情绪所笼罩，那么他的工作状态就会越来越低落，甚至郁郁寡欢。这样的人担心别人看不起自己，不敢大胆尝试，会丧失一切展示自我、提升能力的机会。

其实，长期沉浸在自我否定的负面情绪中，等于给自己套上了无形的枷锁。“无法认同自己”就像压在心底的一块石头，不仅让人的心情变得沉重，也阻碍了自己主动与外界联系的机会。没有人生来就是出众、优秀的，需要经历一个不断学习、进步的过程，关键是不能带着负面情绪上路。别再强调“我不能”“我不行”，换个角度看待你与周围世界的关系，那么很多问题会迎刃而解。

19世纪，法国有一个穷困潦倒的年轻人从乡下流浪到巴黎，去投奔父亲的一位朋友。他希望对方能帮忙介绍一份工作，从而能够养活自己。

寒暄之后，父亲的朋友问：“年轻人，你有什么特长？精通数字吗？”年轻人摇摇头。

“历史、地理怎么样？”年轻人又摇摇头。

“法律或别的学科呢？”年轻人不好意思地低下了头。

“会计怎么样……”

面对接连不断的询问，年轻人只能以摇头或低头来作答，他的反应像是在告诉对方：自己一无所长，连一个优点也找不出来。但父亲的朋友并没有对这个年轻人失去耐心，最后说道：“把地址留给我吧，你毕竟是我好朋友的儿子，我一定想办法给你找一份工作。”

这时，年轻人觉得羞愧至极，只想马上把地址写好，然后迅速逃离这个令人深感耻辱的地方。然而，就在他转身离开的时候，却被对方拦住了：“年轻人，你写得一手好字，这就是你的优点啊，你完全可以借此找到一份满意的工作。”听到这里，年轻人满脸疑惑地看着父亲的朋友。很快，他就在对方眼里看到了肯定的答案。

在返回住处的路上，他边走边想：我写的字能得到别人的称赞，说明自己并非一无是处。能把字写得很漂亮，那么写文章应该也不成问题吧？受到肯定和鼓励之后，他就开始浮想联翩了，越想越觉得前途一片光明，走着走着脚步都开始变得飘然起来。

从此以后，那个年轻人开始奋发自学，坚持写作。过了许多年，这个原来似乎没有任何优点的人竟然写出了享誉世界的经典之作，成为一名杰出的作家，他就是家喻户晓的法国文豪大仲马。

其实，很多人都认识不到自己的优势，会对个人能力持怀疑态度。正如大仲马一样，他们看不到自己的长处，并为此感到自卑。直到一次偶然的机会，才意识到自己竟然有某种天赋，原来可以这么优秀。其实，他们并非能力不佳、素养不够，而是被自我否定的负面情绪压制，迟迟无法释放个人潜能。长久以来压抑了个人才华，这不能不说是一种莫大的遗憾。

大仲马曾经认为自己一无是处，后来得到鼓励而燃起了自信。抛开自我否定的负面情绪那一刻，成为他真正开始努力之时，此后常年坚持写作，逐渐放大自己的优势，终于成就了一代文豪的美名。

从心理学角度分析，过度的自我否定是一种自卑的表现。那些声称自己什么都不会的人并非无法出色完成某件事，而是因为自我否定这一负面情绪从中作祟，导致他们常常妄自菲薄，从而制约了个人潜能的发挥。

自卑无疑是人生中最大的绊脚石，而导致这种局面的原因也很多：对个人能力、知识、品质等因素评价过低；心理承受力差，不敢面对失败，所以选择逃避；性格上谨小慎微，多愁善感，莫名猜疑等等。

客观公正地评价自己，找出产生自卑心理的诱因，然后坦然面对问题并积极改进，就能走出负面心理的阴影。从现在开始，把视线聚焦在自己的优势上，并敢于展现给他人，自然容易赢得赏识、信任与支持。

每个人都是独一无二的，多看看他人对你赞赏的目光，多听听他人对你欣赏的言语，终将收获无穷的力量。当你习惯于展现自己的优势并将其不断扩大，你会发现，原来生活在自信的阳光之下是这么快乐。

情绪不稳定时更需要深思熟虑

情绪不稳定的时候，我们在行动以及决策时更容易受到不良情绪的影响，可是令人遗憾的是，绝大多数人无法判断自己的情绪是否处在一个稳定状态。

尽管人们每天都会有不同的情绪，但实际上绝大多数人并没有深刻了解情绪，在遭受负面情绪和感受折磨时，我们往往只顾沉溺在或“难过”或“愤怒”之中，而忽视了自己的真正感受。要想清楚界定自己的情绪是否稳定，我们就必须要学会捕捉自己的情绪信号。

第一步，认真体会自己的感受。

静下心来，仔细体会一下“我现在的感受是怎样的？”如果你的第一情绪是“我很伤心”，那么接下来就要问问自己，“除了伤心，我还有其他情绪吗？我为什么伤心，是真的伤心，还是付出没得到回报后的不甘心，抑或期待落空后的挫败感”，最后要评估一下自己的情绪强烈程度，可以分情绪非常激动，情绪有点激动，情绪轻微波动三个等级给自己此时的情绪打分，这有助于我们更深入地了解自己的情绪状态。

第二步，掌握情绪的平衡之术。

尽管情绪不直接产生力量，但对人所造成的行动影响却是非常巨大的，如果你正陷入消极的情绪之中，那么在初步确定了自己的真实感受后，就要学会调整自己的情绪，使其处于一个比较平稳的状态。

比如，当你非常悲伤的时候，就要有意识地去想一些快乐的事情，去做一些能让自己高兴起来的事情，如此一来我们的情绪自然就会趋于稳定。值得注意的是，在自身真实感受比较糟糕的情况下，尽量不要做决定，最好什么都不做，静心下来调整情绪，等情绪平稳下来再行动。

米莉是一个比较情绪化的女生，因为“情绪不好”，她没少做让自己后悔的事情。前段时间，谈了四年的初恋男友劈腿，失恋后的米莉情绪十分糟糕，每天郁郁寡欢，上班什么事都不想做，下班了宅在家里连饭都懒得吃，拿着手机一次次拨打对方的电话号码，但听筒里只有机械的女声回应道：“对不起，您拨打的号码是空号，请您查证后再拨。”米莉常常是执着地一边拨着电话一边流泪。

好朋友看到米莉的状态十分担心，于是开解道：“不就是个男人吗，分了就分了，他不爱你，咱们自己爱自己，周末一起去购物，女人就得对自己好一点。”

到了周末，米莉和好朋友一起去逛商场，其实米莉的收入并不高，但由于情绪状态不好，一冲动就带着信用卡，拉着自己的好朋友进了一家非常高档的商场，一口气买了很多东西：五千多块的大衣，一千多的长靴，两千多块的包包，高档的化妆品、护肤品……当天，米莉趾高气扬地拎着一大堆战利品回家，心里恨恨地想“和你在一起的时候，这也舍不得买，那也舍不得买，结果你却不珍惜，现在我想买就买，没你照样过得滋润。”

不过，很快米莉就为自己的“冲动购物”开始后悔，当看到信用卡的还款账单时，米莉感到十分吃惊，周末一天的购物，自己竟然刷掉了差不多两万块。这对于没有任何存款，月薪只有四千块的米莉来说，无疑是一笔不小的债务，就因为一时冲动，米莉节衣缩食，还了半年的信用卡。

其实，现实生活中，像米莉这样在“情绪”不稳定时做出冲动行为的人并不在少数，当时可能很痛快，但事后却常常会悔恨不已，为了避免这种情况发生，越是在自己情绪不佳的时候，越要三思而后行。

有些人为了躲避糟糕的情绪，往往会借助网游、酗酒、赌博、暴食，甚至吸毒等来发泄，转移注意力，这是万万要不得的，一旦沾上这些不良恶习，很有可能会毁掉自己的一生。

陷入糟糕的情绪不可怕，可怕的是在情绪糟糕时做错误的决定，并毫不自知，最终在错误的道路上越走越远。所以，如果想避免情绪带给我们的伤害，请不要带着负面情绪做事。

别让未发生的事情影响你的情绪

虽然说“人无远虑，必有近忧”，但总是为将来莫须有的事情自寻烦恼无疑是非常痛苦的。谁也不知道明天会是什么样子，即使明天有烦恼，你今天也是无法解决的，每一天都有每一天的人生功课要交，还没有发生的事情，最好不要让它影响到你今天的情绪。

如果总是为没有发生的事情而担忧，尤其是一些遥不可及的事情，那么，这些担忧无异于杞人忧天，想得太多太远，特别是想一些没有发生的难过的事，人的情绪就会变得消沉、焦虑，就会失去原本属于我们的快乐。

“不要烦恼明天的事，因为你还有今天的事要烦恼。”《圣经》中的这句话隐含着大智慧，很多人都难以做到。人们总是为一些未发生的子虚乌有的事闷闷不乐，郁郁寡欢，自己跟自己过不去，摧残自己的身体，整日生活在忧郁里，没有心思工作，没有心思安心生活，甚至悲观厌世。天下本无事，庸人自扰之。这一切原本不是什么烦恼，而是自己自寻的烦恼。

我们不应当为了并不一定来临的灾难性后果而忧虑，没有发生，只能证明有一半的机会会发生，即使真的发生，我们也无法改变那些即将来临的现实。所以，最现实也最切合实际的便是要活在当下，摆脱消极和悲哀的负面情绪。

一座寺庙里有个小和尚，他负责每天早上清扫寺庙院子里的落叶。

在秋风瑟瑟的季节里，清晨起床扫落叶实在是一件苦差事，每天早上，小和尚都需要花上很长时间才能清扫完落叶，这让小和尚头痛不已。他一直希望找个好办法让自己轻松些。

后来，有人对他说："明天打扫之前你先用力摇摇树，把落叶摇下来，一次性扫干净，后天就可以不用辛苦扫落叶了。"

小和尚觉得这真是个好办法。第二天，他早早就起床了，来到树下，使劲地摇树，不一会儿，树下就布满了落叶，他高兴地打扫起来，他想着明天就不用打扫落叶了，一整天都非常开心。

第二天一起床，小和尚兴高采烈地来到院子里，他满以为院子里会没有落叶，干干净净的，谁知道，院子里如往日一样落叶满地。小和尚愣在原地，想不到为什么会这样。

老和尚走了过来，意味深长地对小和尚说："无论你今天怎么用力摇，明天的落叶还是会落下来啊！"

世上有很多东西是无法提前预支的，所以，今天认真地过，才是最真实的人生态度。千万不要让没有发生的事情影响到你的情绪。否则，只会徒增烦恼。

"公司要裁员了，会不会裁我？""钱在贬值，我是不是该从银行取出来？”“假如房价崩溃了，我该怎么办？”“同事出了车祸，我会不会也撞车呢？”这些人总是想一些没有发生的“最坏的事情”，然后幻想它们会发生在自己身上，随着联想的深入，它们生根发芽，在内心茁壮成长，直到变得忧虑无比。

据分析，凡是有忧郁症的人，大多是为已经过去的事情或者还没有发生的事情而担忧，没有一个人是为了今天正在发生的事情而忧虑的。其实，正确的做法是，对昨天过去的事不后悔，对明天没有发生的事不担忧，关键是抓住今天。

倘若心灵一片光明灿烂，那烦恼与苦痛便会远遁他乡。让我们远离杞人忧天的心态，集中精力做好今天的自己吧。

没有发生的事情，交给明天去解决吧。想得太多，会失去很多今天的快乐。做好今天的功课，就是应对明天烦恼的最好法宝。

第四章

专注力训练：把事情做到极致的艺术

成功的人往往都是专注的人。当你全心全意地做一件事情时，你会发现成功非常容易。要想成就一段有意义的人生，首先要做的就是明确自己要什么，然后专注于此，把事情做到极致。一万小时之后，你会将理想变成现实。专注是唯一的生存之道，这是每个要想成功的人必不可少的一项修练。

做事专注更容易取得成功

专注的人更容易成功，这是显而易见的。人的精力是有限的，将有限的精力分散到各处与集中精力于一处，所产生的效果自然不同。

拥有一种专业技能，要比有十种心思更有价值。有专业技能的人随时随地都在专业方面下苦功、求进步，设法弥补自己的缺陷和弱点，力求把事情做得尽善尽美。而有十种心思的人疲于应付，找不到聚焦点，因为精力分散而浅尝辄止，结果大多一事无成。

1845 年，罗丹 5 岁，由于聪明过人，父亲把他送到了离家不远的耶稣教会学校读书。但是，罗丹对宗教方面不感兴趣，而非常喜欢画画。

有一次，大家正在用餐，罗丹发现父亲脚边有一张包装纸，便趴在地上用笔画出了父亲的皮鞋。坐在旁边的哥哥喊道："罗丹，你不好好吃饭，趴在地上干什么？"随后，父亲也忍不住吼起来，并当场让罗丹保证以后好好学习，不再画画了。

从此，罗丹不敢再用包装纸明目张胆地画画了，但是在外面——不管是在马路上还是在墙上，他每天都要画上几笔。

9 岁的时候，罗丹的学习成绩仍然不好。父亲把他送到了叔叔在乡下办的学校读书。在那里，他度过了 4 年光阴，他的绘画天赋让老师感到震惊。

看到罗丹在学习上没有进步，父亲决定让他早点挣钱。"无论怎么学习都不见起色，快去找一份工作吧！免得我白养着你。""不，我要学画画。""学画画？谁拿钱送你去学？能当饭吃吗？"

经过一段时间的准备，罗丹考上了一所工艺美术学校。素描老师看了罗丹的习作后，非常高兴，并耐心地给予指导。素描课结束后，该上油画课了，然而颜料和画布都需要钱，罗丹从哪里弄这一笔钱啊？万般无奈之下，他只好放弃画画，转而学习雕塑，因为雕塑课所需的材料无非是木头和泥土，并不花钱。终于，罗丹成为继米开朗琪罗之后欧洲最有成就的雕塑艺术家。

罗丹的成功源于他的专注以及由此培养的艺术素养。他将自己所有的精力都用在了绘画上，最终成为了一代大师。专注的人心无旁骛，能充分释放个人潜能，因此更容易有所成就。

19 世纪法国数学家亨利·庞加莱写道："我想专心研究一些算术问题，可惜进展不大。我感到很沮丧，所以到海边待了几天。"一天清晨，他在海边的悬崖上散步，脑海中突然闪过一个念头："不定三元二次型的算术变换等价于非欧几何变换。"专心的投入终于迎来灵光乍现。

在任何行业，专注做事的人会累积更多的经验和智慧，也会比常人做得更好。他们是业内精英，引领着行业的发展方向。专心投入一件事，并付诸努力，自然会创造出更多有价值的东西。

成功的人往往都是专注的人，因为专业的心更容易成就专业的事。当你全心全意地做一件事时，会发现有所成就并不难。

精力集中，才能做好每件事情

奔腾的河流呼啸而去，身后却不会留下任何痕迹；水一滴一滴连续不断地滴下，却可以将坚硬的石头滴穿。哈佛大学的学生们认为："只有精力集中，才能做好每一件事情。"

虽然每个人都有成功的可能，但是成功者却是少数。这是因为多数人都不能集中精力。在这个世界上，有很多值得追求的东西，如果什么都想要，往往最后什么也不能得到。只有选定一个目标，集中精力为之奋斗，不受其他目标的影响，才能最终获得成功。

有人曾说：“天才与白痴只是说法上的不同。”的确如此，如牛顿之所以能在科学上取得重大成就，只是因为他把有限的精力集中在了一个点上，最终在这个领域取得了成就。这样的天才很多时候只将注意力集中在自己设定的目标之内，而忽略一切与之无关的事物，减少被诱惑，所以能更快地取得成功。

一个人的精力是有限的，如果不能集中注意力做好一件事，总是喜欢分散注意力去做很多事情，那结果就是一件事情刚开始，便终止了。最终哪件事情都没有做好。

约翰是一所名牌大学的毕业生。步入社会之初，他为自己设置了很多目标，可是几年之后，约翰每天都很努力，却一直一事无成。

他请教于一位智者。智者听完他的抱怨之后，要求他利用外面的水壶烧一壶水。约翰急急忙忙地接了一壶水，点燃了柴火烧了起来。没过多会，壶水温了，可是柴没有了。于是，约翰不得不出去找柴。等他将柴找回来时，壶水已经变凉了。

智者笑了笑，说道：“你就是这壶没有烧开的壶水，在外界力量和自身力量不足的情况下，非得接满满的一整壶水，以至于到最后柴被烧没了，水还没有开。可是如果最初你倒掉一半的水，那么恐怕此时此刻水已经烧开了。”

这个故事告诉我们，只有集中精力去做一件事情，才能一步一步地去实现目标，才能走向成功。现实生活中，机会很多，这是一件好事，同时也是一件坏事，机会多也就意味着诱惑多。那些见异思迁的人经常被诱惑，走上了弯路。那么，如何才能做到集中精力呢？这是哈佛大学必修的一课。

首先，在某一时间段，只树立一个目标。在这个时间段里，任何事情都只能围绕着这一个目标，不能被其他事情所诱惑。

其次，要有坚持到底的精神。在目标没有实现之前，决不允许自己放弃。无论遇到什么样的困难都要坚持到底。执着的方式虽然不值得学习，但是执着的人却值得敬佩。在追求目标的征途中，我们要保持适当的休息，保持一个良好的精神状态，这样才能拥有坚持到底的勇气。不要总是挑战身体的极限，这样容易使自己陷入半途而废的困境中不能自拔。

最后，需要强调的是，不断激发自身的兴趣和激情，保证注意力集中的内在动力。

生理需要被满足，这是人类得以生存的基本需求。除此之外，人类的精神需要也需要被满足，人们有自己的爱好和追求，顺应内心的趋向，是集中所有精力的最好凝集物。

一个人的精力是有限的，如果不能集中注意力做好一件事，总是喜欢分散注意力去做很多事情，到头来，哪件事情都没有做好。

专注于一件事，更要专注于细节

海尔总裁张瑞敏说过一句话："什么叫不简单？能够把简单的事情天天做好就是不简单；什么叫不容易？能够非常认真地把大家公认为容易的事情做好就是不容易。做好细节才能成就卓越。"确实，能够把细节做好，才能成就完美。很多时候，我们能够执着于自己的目标，却忽略了细节。也正因为忽略了细节，执着也就变成了无用功，甚至导致更大的失败。

掌控自我，不单单是要坚持不懈地执着于一件事情，更要执着于这件事情的每一个细节。我们在做一件事情的时候，习惯于给自己设定目标，也会为了实现目标而制订实施的计划。但是在实现目标的时候，只有很少一部分人能够坚持下去。而且在实施计划的时候，又是很少的一部分人能够把计划的每一个细节做到完美。这也就是为什么成功的总是很少的一部分人。

那些能够获得成功的人，能够专注于自己的目标，更能专注于在实现目标过程中的每一个细节。将每一个细节认真做好，成功也就水到渠成。其实成功与失败在很多时候都是由小小的细节来决定的，那些懂得关注细小事情的人，往往也是获得成功的人。

张骥是 Micron 电子公司北京代表处总经理，在此之前他只是 Micron 公司在北京办事处的一个普通员工。虽然只是一名普通的员工，但是张骥从没有小看自己的工作。他每天不仅能把自己的日常工作处理得井井有条，对于 Micron 在世界各地的发展一直很留意，而且他还总是结合中国的情况，分析公司应该在中国如何发展。

1999 年，Micron 公司准备撤销在中国的这家办事处，张骥也在考虑自己下一步该如何走。但是在 11 月份公司却突然召他去开会，这完全是意外。因为他的上司听到要撤销办事处，已经离职而去，而总公司那边来中国巡视的时候对张骥的印象不错，他就这样阴差阳错地上了去总部开会的飞机。对于开会的内容张骥一无所知，不过他并没有不知所措。在飞机上，他仔细地琢磨了 Micron 在中国的发展状况，并将自己平时的思考加以整理，做了一份 Micron 公司在中国未来两年的发展计划书。

这份计划书可以说是张骥平日的积累，他认为，无论做什么都应该比别人多做一些，比别人更加关注细节。这样积累下来总会比其他人收获更多，也会给自己留下一笔财富。

在会议上，张骥被要求当着所有海外公司总经理和公司总裁的面发言，他将自己在飞机上做的计划书做了详细的讲解。他的这份计划书彻底改变了 Micron 公司对中国的决策，也让总公司给了自己一个机会。总公司决定不撤销北京的办事处，而且进一步加大投资，并让张骥就任北京代表处总经理。

成功的人士更懂得细节的重要性。因此，在做事情的时候，他们比其他人更加执着，也更加仔细。当其他人因为烦琐、枯燥而放弃的时候，他们却还在坚持，无论这件事情是大还是小，他们都不轻言放弃。这些人具有极强的韧性和耐力，他们执着于自己的每一个目标，并执着于实现这些目标的每一个细节。因此，他们的人生比普通人要精彩得多。

其实，机会向来是青睐有准备的人，而能够将细小的事情做好就是对自己的人生有所准备，这样的人总会被成功所眷顾。因此，我们做事情的时候，不仅要专注于自己的目标，更要脚踏实地地做好每一个细节。无论做什么事情都要付出，都需要恒心和毅力，如果一个人不能掌控自我，对自己的目标坚持到底，他就不可能成功。而在坚持不懈的过程中不懂得细节的重要性，忽略细节的人，也只是在做无用功。所以，要想成功，不仅要专注于一件事情，永不言弃，更要专注于其中的细节。

细节因为其“细小”“烦琐”，往往被人们忽视，但是一件事情成败的关键却往往在这些细小、烦琐的细节上。因此，要想把事情做得完美，就不能忽略细节，要想把成功抓住，就要把细节做好。

潜能的力量：只有执着才能成功

每个人都有自己的理想，但是能够实现自己理想的人只是少数。那些梦想没有实现的人，并不是输在学识、智商以及社会关系上，只是输在不够执着上，他们没有坚持到最后一刻，能够品尝到的只有失败的滋味。

纵观人类历史，杰出人物层出不穷，英雄、诗人、发明家，等等，虽然他们所处的领域不一样，但是在这些成功者的身上有一种相同的特质——执着，也可以说这是他们与失败者最根本的区别。对于任何一件事情没有人可以随随便便成功，也没有人可以保证一定会成功。但是那些半途而废的人注定失败，而坚持下来的人才有成功的可能，也才有可能品尝成功的喜悦。

想要在某一领域获得成就，就必须懂得顽强与坚韧，拥有坚持不懈的精神。那些认为只须少许付出就能换来成就的念头，也只是在做着不劳而获的美梦而已。而真正的成功者懂得坚持的宝贵，他们懂得忠于自己所选择的事业，当别人放弃的时候，他们还在坚持着。所以，当别人失败的时候，他们站在了金字塔的顶点。

曾经看过一个小故事：在一次演说会上，舞台的中央吊着一个巨大的铁球，旁边放着两个大铁锤。主持人邀请了两名强壮的听众上台，让他们用铁锤敲打铁球，直到铁球晃起来。两名听众抡起铁锤用力地敲打着铁球，巨大的敲击声不绝于耳，但是铁球却纹丝不动。最终两名听众放弃了敲打，表示不可能将这么巨大的铁球敲打起来。

这时候旁边的一名老者从口袋里掏出一个小锤，对着铁球轻轻地敲打起来。敲击的声音不大，但是很有规律。台下的听众感到非常奇怪，只是一动不动地盯着老者用小锤敲打铁球。10 分钟过去了，20 分钟过去了，半个小时过去了，台下开始出现骚动，人们开始议论纷纷，甚至开始谩骂，有的人愤然离场。老者却不为所动，依然用小锤仔细地敲打着铁球。40 分钟过去了，坐在前排的一名观众突然喊道："铁球动了。"霎时间，人们的目光再次被铁球吸引，虽然铁球晃动的幅度很小，但是确实开始动了。

但老人并没有停止敲打，还是保持原先的频率一下一下敲打着铁球。铁球晃动的幅度越来越大，拉动悬挂铁球的铁链"嘎嘎"作响。看着这不可思议的一幕，台下的观众报以热烈的掌声。

大铁锤用力的敲击没能让铁球晃动起来，但是小锤一下一下地敲击，却让铁球摇摆了起来，这就是执着的力量。有些事情在开始做的时候收效甚微，很多人看不到成果就选择了放弃，他也就选择了失败。这时候最需要的就是坚持，很多看似不可能的事情就在坚持中慢慢实现。

人生的成功很多时候就在于坚持，比别人多坚持一秒，这一秒的坚持能换来下一秒的希望，只有坚持下去，才有成功的可能，半途而废，必定与成功无缘。其实每个人都会经历失败，失败也完全可以被接受，但是那些没有经历过奋斗的失败，完全没有被接受的借口。

很多人的成功并不是他有多么深厚的背景，也不是他有多么宽广的人脉关系网，甚至也不是天赋使然。他的成功只是比别人多了一份耐力，多了一份执着。李连杰练武的时候，每天在蹲马步、踢腿、压腿上比别人多练一些，日复一日的积累，让他连续拿了五届武术全能冠军，并称为蜚声国际的动作巨星。

发明大王爱迪生一生最为耗神的研究应该是蓄电池。这项研究花费了他 10 年光阴，而且试验次数更是高达 5 万次。在这 10 年光阴、5 万次的试验当中，爱迪生经历了一次又一次的失败，但是他并没有放弃，而是固执地坚持着。每失败一次，爱迪生都告诉自己：我又明白了一种物质不可以让蓄电池长时间工作。爱迪生之所以能成为伟大的发明家，除了他的天分之外，就是他这种执着的精神。

成功的人之所以能成功，是因为他们不轻言放弃，是因为他们明白，只有坚持下去才能靠近成功。

执着的人往往是乐观而自信的人，他们在自己认准的道路上坚持不懈。虽然未必会在第一时间获得成就，但最后总会有所得。那些半途而废的人，只能回到原先的境地，不断重复着失败。不想失败，就要坚持，比别人多走一点，离成功自然也就近一点。

注意力涣散应该怎么办

人的心理活动指向和集中于某种事物的能力就是注意力。一个人是否拥有良好的注意力，不仅与自身的智力发育、发展有密切的关系。而且还会影响他的学习和工作。那么，我们应如何制止注意力涣散的习惯，加强注意力集中的培养呢?

（1）充分认识注意力的重要性。

我们生活在一个多彩的世界里，这个世界充满了千奇百怪的事物和现象。但是我们凭什么得出这样的结论呢？我们是如何知道世界是这般多姿多彩的？其实，能让人类产生这种感觉的原因，就是人们拥有注意力。

哈佛大学心理学教授是这样评价注意力的："注意力是我们心灵的唯一门户，意识中的一切，必然都要经过它才能进来。"而法国的生物学家乔治·居维叶则说："天才，首先是注意力。"连马克思也曾说："天才就是集中注意力。"由此可见，注意力对于每个人来说都是那么重要，可以说人类认识世界的一切信息和智慧都是通过注意力获得的。作为大脑进行感知、思维、记忆、逻辑判断等所有认识活动的基本条件，注意力是一切认识的基础。

（2）充分发挥选择性注意力的作用。

身处喧嚣之中，一个人却能做到专心致志，这是选择性注意在发挥作用。海量刺激物源源不断地进入大脑，每种刺激本身都是潜在的注意目标，但选择性注意能让我们只关注一个对象，忽略其他所有东西。正如现代心理学之父威廉·詹姆斯对专注力的定义："在几个并行的潜在目标或思想碎片之中，意识突然提取了其中一种，使其呈现出清晰鲜明的形象。"

分散专注力的事物包括两大类：感觉干扰和情绪干扰。感觉干扰比较容易克服，比如在阅读这段话的时候，你通常不会留意字句之外的空白。再比如，你在此刻只注意到舌头顶住上腭的感觉，这是因为大脑屏蔽了其他源源不断的刺激物——连续的背景声音、形状、颜色、味道、气味、触感。第二种干扰带有情绪性信号，所以较难消除。比如你坐在家附近的咖啡馆里，周围的喧嚣对你不会有很大的影响，你可以专心回复邮件。但假设你无意中听到有人说起你（这是一种强烈的情绪诱惑），你很难做到置若罔闻，你的专注力会条件反射般地提醒你留心别人怎么议论你。邮件？早被抛诸脑后了。

（3）家庭不和谐是专注力最大的敌人。

比如，最近你与亲密的伴侣感情破裂了，你一直为此心烦意乱。此时你会心不在焉，注意力非常不容易集中。因此，我们要尽量减少感情波动，保持家庭和谐。

投入的背后是超强意志力

意志力是一种控制自己心神的力量。它能在你准备放弃的时候，强迫自己不许放弃，要坚持到底，它能让你摆脱一切拒绝克服困难的借口，勇往直前。

美国曾经做过这样一个实验：

科学家们对一批 3 至 10 岁的孩子进行追踪，了解他们是否具有坚强的意志力。很多年之后，这些孩子们都已经长大，科学家们综合分析了他们的家庭、事业、生活水平等，从中分析出一个人的成功与意志力的关系。结果表明，那些具有超强意志力的孩子们，都取得了成功，而那些意志力薄弱的人，则一事无成。此项研究充分说明："智力并不是影响成功的最重要的因素，意志力才是影响成功的最重要的因素。"

人的一生，总会遇到很多意想不到的困难，有的来自家庭，有的来自外界，有的来自自身等等，这些困难不能靠一时的勇气解决掉，而是需要人们用耐心和智慧去解决。这就要求人们要有超强的意志力，坚持不懈。

营销专家赫伯特 · 特鲁曾对美国的电话推销员做过统计。他发现，推销员给一位陌生客户打电话时，第一次，对方大多数都会拒绝，甚至挂掉电话。于是 50% 的业务员选择了放弃这位客户。

接着又有 25% 的业务员在第二天又一次给客户打去了电话，这一次如果对方还是没有兴趣，他们就会放弃，不再给客户打电话。

有 10% 的业务员会坚持到第三次被拒绝后放弃。还有 10% 的业务员会坚持到第四次被拒绝后放弃。至此，也就是说，有 95% 的业务员会在给客户打去四次电话依然被拒绝后，就放弃了，仅有 5% 的业务人员在被拒绝四次之后，依然坚持着联系客户。

结果表明，这仅有的 5% 的业务人员通常是营销高手。对此，赫伯特·特鲁分析道："数据显示，那些陌生的客户通常在接到六次以上的推销电话时才真正考虑是否购买他们的商品。"也就是说，有 95% 的业务员在客户还没有真正对自己的产品产生印象时便放弃了。之后的他们依然重复着前面的过程。而仅有 5% 的业务员有机会让客户对他们所推销的产品产生印象，并列入是否要买的思考之中。最终，这 5% 的业务员凭借着顽强的意志力，坚持到了最后，因此拥有了机会。

很多时候，成功需要的仅仅就是这么一点意志力。凭借着这点意志力，将精力集中，抵御外界因素的侵扰。人生就犹如一条街道，我们在其中穿行，如果我们总是非常容易被街边的风景迷住，停停走走，最终只能迷失；相反，如果我们心无杂念，集中所有精力，坚定不移地朝着终点前进，就会发现成功距离我们并不遥远。

集中精力不一定能成功，但是不集中精力一定会失败。很多迷失在路上的年轻朋友，尽管你们每天的生活都很忙碌，但是依然没有任何收获。此时，你们需要思考的是：你们的注意力是否被分散了？你们有没有集中精力专攻一件事情？

选定一个领域，深深扎根下去

约翰·麦克阿瑟是哈佛商学院的一名院长，他曾说过："哈佛商学院的成功不是因为学生在学校里学到了什么，而是因为学生毕业后有多大的作为；哈佛毕业生成功的原因，不在于来学校镀金，而在于他们自己的勤奋努力。学生来哈佛之前就已经走在成功的道路上了，造就他们的不是学校而是他们自己。”那么哈佛生为什么能获得成功呢？哈佛大学曾做过这样一个统计，他们发现所有的成功者，不论智商高低，他们都在一个领域扎根。

事实表明，一个人的精力是有限的，成功往往来自成功者对选定领域的专注和投入。现实生活中，很多人都拥有远大的理想，也经常羡慕别人辉煌的成绩，但是你可曾想过：那些成功的人是怎样获得成功的呢？而自己的理想怎样才能得以实现？经过一番仔细的思索，你一定会发现这两个问题竟然拥有着同样的答案：专注于自己选定的一个领域，并且深深扎根下去。

想要成功不是一朝一夕的事情，在这个过程中会遇到各种困难，阻碍你前进的脚步，因此需要你拥有足够的精力和耐心，只有如此，你才能一步步前进，一步步接近终点。

西华·莱德先生是一名作家，回忆起年轻时的经历，给他印象最深的便是这样一段经历——

那时的西华·莱德先生还是一名战地记者。第二次世界大战期间，西华·莱德先生在一次战地采访的途中，不得不从一架运输机上跳伞逃生，结果他和机上的另外几个人降落在了缅印交界处的热带森林里。当时正值八月，天气酷热并伴有经常性的暴雨侵袭而下。想要离开这个热带森林，西华·莱德先生他们需要翻山越岭，徒步 140 英里，加之道路崎岖，艰难程度可想而知。西华·莱德先生才走了一个小时，鞋子便破了，没过多久双脚都被磨出血来，而路程却没有走出多远。试想，西华·莱德先生需要经过怎样的困难才能一瘸一拐地走完 140 英里？

西华·莱德先生对这段经历刻骨铭心，后来发生的很多事情都得益于这段经历。战后西华·莱德先生决定写一本书，最初，他一直不能静下心来。于是，西华·莱德先生推掉其他所有的工作，专注于写这本书。当然这个过程是枯燥的，西华·莱德先生什么都不干了，凭借着坚强的毅力将自己的精力集中在了这一件事情上，强迫自己一直写下去。整整半年的时间，西华·莱德先生除了写作，什么事情也没做，最终果然成功了。

“坚持选择一个领域，深深扎根下去”的原则不仅对西华·莱德很有用，对我们每一个人都很有用。专注并坚持做下去是实现任何目标唯一的聪明做法。英国作家约翰·克莱斯，一生共出过 564 部小说，是世界上数一数二的勤劳作家，就算他一年出 10 本，也需要近五六十年的时间呀！可以想象，晚年的约翰·克莱斯依然坚持着写作出书。这个过程中，约翰·克莱斯并不是每次投稿都成功，据统计，约翰·克莱斯曾经被退稿达 753 次！也就是说，每出一本书约翰·克莱斯都需要承受至少一至两次的沮丧。可即便这个过程再怎么煎熬，约翰·克莱斯都深深扎根在这件事情上，所以他最终获得了成功。

选择一个领域并深深扎根下去的人更加容易成功。众所周知，专注能激发人的潜能，坚持能创造奇迹。如果你现在还在像打井人那样，一时间打不出水来，便更换地点重新开始，那么，赶快停止吧！因为，你所有的付出都是徒劳的。正如哈佛教授弗雷德·施韦德所说：“任何人要获得成功，都需要选择一个领域，并投身于此。”作为平凡的人，我们更要知道专注与坚持是获得成功最好的方法！

如果你对自己的梦想很执着，非常想实现它，那么，就专注于自己的梦想吧，坚持走下去，即使遇到挫折与失败，也不要放弃，只有这样才能到达成功的彼岸。

第五章

画好自己的底线，逐步实行目标

古人云：慎终如始，则无败事。如果一个人能活在当下而不好高骛远，那么他的目标肯定是清晰明确的；如果一个人能始终守好自己的底线，那么他离成功也就不远了。相反，一个人如果没有最基本的底线，发展将相当困难，而且难以快乐生活，一旦碰到挫折，很容易导致贫穷和痛苦。在基本底线的基础上逐步实行目标，才是发展事业、快乐生活的正轨。

聚光法则：一次只做一件事，避免半途而废

大家都知道放大镜将光线聚焦到一点，可以点燃树叶或纸张。我们在生活和工作中也应该有这种聚焦性，将时间和精力集中到一件事上，这样不但可以提高工作效率，而且容易出成果。

有太多“聪明人”并不明白这一点，他们头脑灵活，能力出众，自认为能够将所有的事情做好，但到最后却一事无成。究其原因，并非是他们不能把事情做好，只是因为不够专注，没有坚持不懈的精神，没有做到底。他们在做事情的时候，很容易分散精力，不断转换目标，看起来非常忙碌，却不出业绩。

经验表明，将注意力集中在一件事上，直到做完再做下一件事，反而更有效率，更容易出成果。一次只做一件事，可以将注意力高度集中，从而极大地提高工作效率。

盛大创始人陈天桥曾说：“很多成功人士其实都是偏执狂，他们一旦认准了一件事情，就会坚持下去，从不会半途而废，也不会轻易改变目标，直到取得成果。”的确，如果一个人能够围着一件事情转，那么全世界都有可能围着他转。

一个人的时间和精力是有限的，无法同时做好几件事情，所以应该将事情按轻重缓急排好序，一件件处理，这才是最有效率的工作方法。而且，对一个人来说，如果一生能将一件事情做到极致，往往也会成就一生的功名。

袁隆平，中国杂交水稻之父，他心无旁骛，一生致力于杂交水稻的研究，取得无数荣誉，并赢得了世界各国的赞誉。

1973年，袁隆平率领科研团队在中国进行系统的杂交水稻研究。在研究过程中，他和团队遭遇了种种考验：“文革”时的人身冲击、自然灾害的打击、禾苗被人为地毁坏，但是，这一切都没能让他们动摇。袁隆平和团队始终认为杂交水稻有优势，一定可以研制成功。

在专注与坚持之下，杂交水稻研究不断取得突破，水稻亩产量从400公斤到600公斤，再到800公斤，他们定下的目标被不断突破。杂交水稻的成功，不仅解决了中国人的吃饭问题，也帮助世界上更多的人摆脱了饥饿。

美国农业经济学家唐·帕尔伯格在《走向丰衣足食的世界》中写道：“袁隆平在农业科学上的成就打败了饥饿的威胁。”印度前农业部长斯瓦米纳森博士曾说：“把袁隆平先生称为‘杂交水稻之父’，是因为他的成就给人类带来了福音。”

人在一生中会有很多目标，但是想有所成就，在一段时间里只能确立一个目标，并全力而为。而不断更换目标的做法，意味着一次次重新开始新的工作，无法将事情做到极致。因此，一次只做好一件事远比一心多用更有效率。而完成一件事之后的成就感，能让人怀着愉快的心情开始下一件事。

专注是高效的第一要素，那些看似忙碌实则一事无成的人，往往喜欢胡子眉毛一把抓，这样不但效率低下，而且很难取得成果。任何时候，一心一意做好一件事，是有所成就的不二法门。

掌控你自己：避免不断地转换任务

小猴子下山的故事我们从小就知道。小猴子在下山的时候路过一片玉米地，看到又大又多的玉米就掰了一个玉米。半路上看到又大又红的桃子之后，就把玉米扔掉换成桃子；看到西瓜又把桃子扔掉换成了西瓜；

最后看到小兔子，又扔掉西瓜去追兔子。结果，小兔子跑掉了，小猴子一路上屡次更换自己拥有的东西，到最后什么都没有得到。

生活当中，有很多人和小猴子一样，对自己的目标不能坚持到底，抵不住外界的诱惑，频繁更换自己的目标，到最后却是一事无成。每一天我们都要做出很多决定，也要给自己制定或多或少的目标。有些人可以对自己的目标做到坚持到底，并最终完成自己最初制定的目标。但是也有一些人，无法抵御外界的诱惑，或者被外界的其他因素干扰，在中途不断改变自己制定的目标，由于对目标不专一，无法坚持到底，最终什么都没有做成。

不能把自己的目标牢牢守住的人，往往会在实现目标的路上迷失自我。因此，要想让自己在人生的道路上不至于迷失自我，就一定要学会掌控自己，清楚地注视自己的目标，切勿频繁更换目标，以免浪费时间、浪费精力。当自己选择了一个目标的时候，就要做到全心全意，坚定自己的信念，也许在实现目标的时候会出现一些差错，对于差错可以修正，但是确定的目标切不可随意更换。

坚定信念，认真对待自己的目标，对任何人来说都不是一件容易的事，却是每个人都必须去努力学习的一门人生课程。在我们向着自己的目标前进的时候，会有各种各样的诱惑，也会有各种各样的琐事干扰。面对诱惑、琐事的干扰一定要坚定自己的信念，掌控好自己的内心，专注于自己的目标。如果不能专注于自己的目标，成功的机会也会擦肩而过。而且，频繁地更换目标，还会浪费大量的时间和精力，有百害而无一利。

能够坚持目标的人，是意志力坚强的人，也是有恒心的人。他们在实现目标的过程中，不会因为困难或者烦琐枯燥的工作而改变目标。这样的人无论从指定目标，还是到为实现目标而做的努力，都是谨慎而冷静的。他们一旦确定了目标，就会义无反顾地向着目标前进，不被外界干扰。成功也往往属于这些能够坚持自我，锁定目标的人。

生活中还有很多没有恒心的人，他们做什么事情都是三天打鱼，两天晒网。这样的人，终其一生也只是在通向目标的路上来来回回地奔波，却从来都触及不到自己的目标。就像我们的学习，在开始的时候就应该分析清楚自己适合哪一个专业，然后专注于其中。如果频繁更换自己的兴趣，到头来什么也学不到。比如一开始将自己的目标定为法律，但是在学习的过程中发现法律条文众多，自己又不擅长记忆。然后就转向文学，在学习文学的过程中又发现文学需要丰富的想象力，而且设计故事情节又太过繁杂。后来，又将目标定为计算机，发现计算机编程实在太难，自己能力有限。然后又把目标转换到古文研究上，但是发现古文的研究非常乏味。

在学习的过程中，看似忙忙碌碌，却没有在哪一方面坚持到最后。虽然付出了很多时间和精力，却因为没有将最初的目标坚持下来，最终也没有学到什么知识。

在追求目标的过程中，确实会有各种各样的“意外”来分散你的注意力。一些意志力不够坚定的人会因为这些意外停滞不前，或者走上别的道路而放弃原先的目标。这些人最后只能在不同的目标之间疲于奔命，却无论如何也无法实现目标。只有将自己的目光牢牢锁在最初的目标上，把所有的精力都集中在这个目标上，才能最快地实现这个目标。

在通往目标的路上，会有不确定的因素干扰你前进的道路，这个时候应该把握住自我，清楚地明白：坚持下去才能成功。始终专注于自己的目标，不论中间有什么“意外”发生，不要轻易转换自己的目标。因为，坚持下去才有成功的可能。

没有计划的人迟早被计划掉

“计划”是一个人对目前以及未来的规划，一个有计划的人做事有条不紊，并且每件事都有目的性，成功对他来说是实行计划的结果。而没有计划的人，纵使心怀高远，也很难实现梦想。

成功不是想想而已，如何成功？怎样做？目前这个阶段要做什么？如果连这些计划都没有，便只能被计划掉！

有的人在大学期间成绩优秀，能力也很强，但是多年以后并没有什么成就；而那些早年为人低调的人，却在后来有所建树，让人刮目相看。他们的区别在于，是否提前制订了计划。

小周从大一开始就参加各种活动，他说这可以锻炼自己，以后找工作也能派上用场。同时，他还参加各种培训考试，因此每天忙得团团转。

同宿舍的小李与之截然相反，小李有明确的目标，准备将来出国留学，因此，他很少参加社团活动，总是在图书馆专心学习。

大学期间，小周是学校的风云人物，他能言善辩、容貌帅气，成了众多女生心目中的男神，而那时的小李却不修边幅，带着厚厚的眼镜，穿着一双球鞋来往于宿舍和图书馆之间，丝毫不能引起大家的注意。

大三下半年，小周不得不将手上各种社团的管理权交给下一届，这是学校的传统。此后，小周除了上课，整日无所事事，不知道做什么，而小李依旧忙碌地学习着。

大四那年，小周开始参加各种考试，公务员、研究生、企业招考……他需要准备的东西太多，结束最后哪件事也没做到位。毕业时，小李顺利出国，学习金融专业，而小周进入一家小公司做业务员。

多年后同学聚会，酒桌上的小周没有了当年的意气风发。虽然是一家小公司的业务主管，但是在众多成就斐然的同学面前，他明显矮人一截。

而小李衣衫革履、风度翩翩，让人很难想象他就是当年那个带着厚厚的眼镜，沉默寡言的男生。据说他已经创办了公司，公司的估值超过 1.2 亿美元。

其实从一开始，小周和小李就在走不同的路。小周从开始就没有计划，一边追随大家参加社团活动，一边参加各种培训考试，根本没有明确的目标。随波逐流之下，他只能走一步看一步，听从命运的安排。

而小李从进入大学校园的那一刻起，就制定了详细的计划。他做的一切都有明确的目的，最后出国、创建公司也就理所当然。

生活中，“小周”和“小李”这样的人很常见。有的人没有目标，没有计划，于是盲目地做着一切，很难在自己的领域里有所建树。而有的人很早就开始计划自己的人生，使后来的发展有特定的轨迹，有所成就看起来也顺理成章。

拥有美好梦想的人比比皆是，而成功者却屈指可数。口头上的羡慕若没有之后的行动，只能是痴人说梦，而盲目的行动以及毫无计划的努力只会徒劳无功。

想有所作为、梦想成真，就要计划现在，计划未来。如果你不清楚自己的目标是什么，首先要搞清楚方向在哪里。如果你有明确的目标，那么请静下心来，做一份详细的计划书。你可以给自己一个期限，一年或者三年，这段时间你要达到哪一个目标？这段时间的每一天，每一个小时，你要怎样做？要做到什么程度？

这是一个充满竞争也遍布着各种机会的时代。但是，如果你没有计划，就只能被淘汰、被计划掉！从这一刻开始，试着做计划吧，计划你的现在、未来，计划你生活中的每一分、每一秒！

无论目标多大，先把眼前的事做好

情商高的人懂得用明确的目标约束自己，并专注于当下。制定目标可以指引前进的方向，但是任何事情想取得成功，都要经过一点一滴的积累。无论做什么事情，都要从眼前做起，将眼前的事情做好，才能为将来奠定成功的基础。

中国科学院院士侯建国曾被问及“如何取得如此大的成就”，他这样回答：“首先要有长远的目标，并且努力把眼前的事情做好。只有把眼前的事情一件件做好，才能聚沙成塔，集腋成裘。”

想在任何一个行业有所成就，都需要持久的努力，需要一步一步地积累。成功离不开伟大的目标，也离不开为了达到目标坚持不懈的努力。把握当下，只有将眼前的工作切实完成，才能成就最终的梦想，否则一切都是空谈。

周洋想创办一家广告公司，于是他应聘到一家知名广告公司做策划，希望通过在广告公司的学习，为自己以后创业打基础。在进入公司以后，他认真观察各个部门主管的工作状况，记录他们如何向下属安排工作，学习他们如何与上司、下属沟通，但是本职工作却被放在了一边。他的本职工作虽然没有出什么大问题，但是也乏善可陈。

经过一年的“学习”，周洋觉得自己已经完全掌握了广告公司的经营方法，于是他向公司递出了辞呈。对于这个工作不踏实的员工，公司也没有挽留。他离职的时候，策划部主管将他叫到办公室，询问为什么工作一年就离职。

周洋告诉主管自己创业的打算。听完周洋的想法，主管说：“以你现在的能力还不适合创业，广告公司各个部门工作的细节你并不了解，各部门如何衔接你也不明白，而且，最基本的策划你也无法胜任，贸然创业，恐怕很难成功。”

周洋并没有把主管的话放在心上，租了一间办公室便开始了自己的创业之旅。虽然他竭尽全力，但是公司却始终无法正常运转，仅仅维持半年，就宣告结束。

周洋确实有明确的目标，但却没有踏实的态度，他不明白目标需要一步一步来实现，好高骛远换来的只能是失败。其实，很多取得成功的人能力并不出众，他们只是把眼前的事情当成了最重要的事情来完成。

有太多人不屑于眼前的事情，认为这些事情都是小事，自己是干大事的人，应该有更大的成就。但是他们忘了，任何一件大事的成功，都是由一件件小事累积而成。就像金碧辉煌的宫殿，是由一砖一瓦堆砌而成的一样。眼前的一件件小事就是我们实现最终成就的“砖瓦”，无视这些“砖瓦”，也就失去了成功的基础。

是否能够专注于眼前的小事，既是工作能力，也是工作态度。心怀远大的梦想值得称赞，但不能滋生好高骛远的心态，必须脚踏实地的做事。不忽略眼前的小事，才能把大事做成。

“合抱之木，生于毫末；九层之台，起于垒土；千里之行，始于足下。”如果没有认真做好当下的觉悟，就不可能抓住未来、迈向成功。只有一点一滴地积累，才能厚积薄发。

大处着眼，小处着手，无论目标定得多大，都要从眼前做起。工程再大，只要着眼当下，一点一滴地积累，就能顺利完工；目标再小，不肯迈出第一步，也不会有实现的可能。

牢记一万小时的成功准则

20世纪90年代，诺贝尔经济学获得者赫伯特·西蒙，心理学家安德斯·埃里克森，共同提出了“一万小时天才理论”。这一理论告诉人们，“天才”之所以非比寻常，不在于天赋异禀，而在于对某项技能进行了一万小时的训练。

也就是说，进行至少一万小时的专业训练，你就能成为某方面的专家。反过来说，在任何一个专业领域，如果缺少“一万小时”的训练，即使有再突出的先天优势，也无法成为这一领域的领军人物。

一万小时是一段很长的时间，如果每天练习3个小时，每周练习7天，那么需要10年才能达成一万小时的练习量。如果没有超人的毅力，恐怕很难坚持下来。那些成功的专业人士之所以能成为行业领军人物，也可以用“一万小时天才理论”来解释。

你是否因为自己的平庸表现而苦恼？是否因为业绩平平而焦虑？那么，不妨了解一下“一万小时天才理论”，指导自己做出改变，从而在工作中日益精进。

学会一种技能非常重要，无论它多简单。然而，能够持之以恒地努力，成为专家级人士，就不是轻易能做到的了。在漫长的努力过程中，你要忍受寂寞、煎熬和枯燥，当心绪不平的时候，如果没有强大的情绪掌控能力，很难坚持到最后。

披头士乐队是流行音乐界最受欢迎的摇滚乐队，这支来自英国利物浦的乐队成立于1960年，此后取得了巨大成功，也赢得了无数荣誉。他们的成功不仅源于他们在摇滚乐方面的创新，更离不开他们的努力与坚持。

起初，这支乐队并不起眼，一个偶然的机会，他们被邀请到德国汉堡演出。在1960年到1962年间，披头士乐队往返汉堡5次，第一次就演出了106场，平均每天演奏5个小时，第二次演出92场，第三次演出48场，共172个小时。

在1964年成名之前，他们其实已经进行了大概1200场演出。与现在的乐队相比，这个数字简直就是传奇，频繁的演出锻炼出非凡的唱功，也筑就了披头士的辉煌。正是惊人的努力让这支乐队大放光彩，赢得了世界人民的喜爱。

也许大部分人会认为，披头士的成功主要依赖于4个人与生俱来的音乐天赋，但是，他们坚持不懈的练习也是成就辉煌的保证，为他们的演艺道路奠定了坚实的基础。

在任何行业、任何领域，只有坚持练习，让工作技能越来越熟练、专业经验越来越丰富，才能有更大的成功机会，并展示出高超的专业素养。

人生短短几十载，如果不珍惜积累沉淀的机会，而是一味抱怨怀才不遇，或者虚度时光，终将没有长进，更会随着时间的流逝一事无成。一个人的才华和能力都是有限的，唯有勤奋努力的人才能成为行业的佼佼者，在业内站稳脚跟。

机会总是青睐肯努力、有准备的人。扔掉抱怨情绪，抛弃自怨自艾，静下心来投入到工作中去，努力将自己的才华、能力提升到新高度，在自己的岗位上发光发热，你就不是一个平庸的人。

不管多么困难的工作，多么难掌握的技巧，只要坚持不懈地磨炼自己，终会有一天达到理想的目标。成功者从来不会对困难屈服，总会坚持自己的理想，想方设法地让自己接近奋斗目标。

第六章

战胜拖延：时间，最伟大的成功导师

今天，拖延几乎已经成为现代人的通病，“先放一下，待会儿再行动”成为拖延者最大的思想毒瘤，它无时不在，无刻不在，困扰着人心。从心理学角度来讲，拖延往往会让我们为此而背上沉重的心理负担：悔恨、愧疚、压力、烦躁、不安……这些消极情绪只会让人们更没有工作效率，毫无疑问的拖延完全是在自我折磨。其实绝大部分人都在饱受“拖延症，工作效率低下”的困扰，但很少有人意识到问题的根源是缺乏“自控力”。

我们为什么会倦怠

“勿将今日之事拖到明天。”这是哈佛图书馆自习室墙上的一句警言。为什么不能将今日之事拖到明天呢？原因是时间一去不复返，在哈佛人心中，时间是最宝贵的，流逝了永远也找不回来。因此，时间容不得半点浪费。

现实生活中，很多人总觉得时间不够用，每天的工作被安排得满满的，抽不出一点空余时间。于是，一天的工作完成之后，拖着疲惫的身子回到了家中。为什么我们总是很倦怠呢？难道是工作量真的已经超负荷了吗？我们一起看看哈佛的学生们吧。凌晨四五点的时候，在哈佛的图书馆里，很多学生依然在读书，他们不是刚刚起床，而是已经彻夜未休了。相比于他们，我们的工作量是不是超负荷已经无需回答了。

为什么我们会感到倦怠呢？看看我们的一天都做了些什么吧！

清晨，如果有人问我们，这一天将做些什么，我们能不能清清楚楚地回答出来呢？恐怕不能。也就是说，我们中的大多数人并没有提前制定出一天的计划和安排。没有这一天的计划和安排，很多的时间会被浪费掉，工作和学习的效率都将大大降低。就这样，我们在一片混沌中迷迷糊糊地开始了一天的生活。

在日常工作和学习中，我们常常会提起两个字——“明天”，“这件事明天再做吧！”“先休息一下，明天吧！”“明天处理。”……类似这样明日复明日地胡乱安排。这些工作为什么非要推到明天呢？难道今天就没有时间了吗？也许你会推辞说：“今天有些倦怠，等明天状态好点我再多做些。”事实上，明天还有明天的事情需要做，即便明天感觉好了一些，将今天的工作全部补做完成，那又如何？紧张的时间、着急的心态，在这种情况下，工作完成的质量又将如何？长此以往，明日复明日，工作大量积压，我们又能有多好的心态来应对这些积压的工作呢？于是，我们又开始倦怠了。

这种情况在现实生活中非常常见。很多人每天都感到倦怠就是因为以上情况。没有合理的工作计划与安排，专搞突击战术，时间一长，工作习惯混乱，生活秩序被严重打乱，自然每天都感觉倦怠。

一位年轻人经常觉得倦怠，每天完不成的工作让他夜不能寐，越来越颓废。这一天，他拜访著名的小说家瓦尔特·司各特。年轻人就自己的倦怠请教了一下瓦尔特·司各特。瓦尔特·司各特并没有直接回答他的问题，而是反问道："你完成了今天的工作了吗？"年轻人有些惊讶："这一天才刚刚开始呀，我还什么也没做呢？"瓦尔特·司各特摇了摇头："可是我却已经完成了。"年轻人觉得不可思议。

瓦尔特·司各特意味深长地说道："你一定要改掉拖延的习惯，这是一个非常糟糕的习惯。每天要做的工作，什么都不要安排，先将工作做完，如果做完这些工作还有一些时间，再安排自己的业余活动。"

年轻人按照瓦尔特·司各特的话做了一段时间，果然感觉很好。他再也不是那名总感觉倦怠的年轻人了，而成了一名神采奕奕、精神抖擞的干练之人。

这个小故事告诉我们，想要改变目前总是倦怠的现状，就要提前做好工作计划，每天第一时间先将今天的工作做完，不要拖延到明日。对此，哈佛大学的教授耶曼逊曾说："你能把握的只有今天，今日一天，当明日两天。"

改变倦怠现状的秘诀就是立即行动，从现在开始做起，今日事今日毕，千万不要养成拖延的习惯，哪怕只拖延一小会儿。

拖延背后的“心理魔鬼”

养成拖延习惯的原因有很多：懒惰、不够果断、不自信、懦弱……下面我们一起分析一下拖延背后的“心理魔鬼”。

世人都有负面情绪。因为某些负面情绪，所以看着眼前的工作没有心情做。于是，倦怠的情绪便会滋生出来。这些负面情绪会对人的身心健康产生非常大的负面影响。对此，哈佛商学院一直强调“立即行动”的做事方针，这是所有年轻人应该养成的习惯。不仅哈佛大学如此，世界上任何一所大学的教授们都会对学生们说：“如果你们想要获得成功，那么现在就行动起来吧。”

世界上从来都没有免费的午餐，如果你被负面情绪控制，实施拖延，就永远不可能成功。对此，哈佛大学的学生毕维斯深有体会。

对于毕维斯的执行力，导师和同学们有目共睹。在他刚刚来到哈佛时，他的导师便告诉他：“无论什么时候都不要被懒惰的情绪征服，要立即行动起来。很多时候想要获得成功并不是件难事，只要立即行动起来，你就已经成功了一半。”在接下来的学习生活中，毕维斯一直牢记导师的教导，做任何事情都不拖延，无论事情大小、急缓，都必须第一时间着手。

哈佛大学推崇“立即行动”的精神，并因此影响了很多优秀学子。这是哈佛大学不断创造奇迹的重要原因。想要做大事的人，如果不能克服负面情绪，将永远不会有施展才华的机会。试想，如果当年比尔·盖茨未能克服懒惰心理，也许这个世界还未进入信息时代。

这些负面情绪中，不够果断是人们养成拖延习惯的重要原因。

一位从哈佛毕业的商业精英被人问及成功心得时，只说了一句话：“立即行动。”然而现在的很多年轻人都在不知不觉中养成了拖延的习惯。养成这种习惯的原因有很多，“优柔寡断”就是其中一个因素。很多年轻人盲目崇拜一句话："时机成熟了再行动。"他们总是希望在合适的时间再开始行动。可是他们忽略了另外一句话："时间不等人。"时间从不会因为某个人、某件事而滞留原地。在通往成功的道路上，永远没有不合适的时间和所谓的时机成熟。这个世界对于年轻人就是一块新大陆，充满着未知。只要往前走，就注定会遇到各种各样的困难和失误，可是不往前走，成功只会越来越远。

对于年轻人而言，你们拥有着世界上最大、最珍贵的资本，那就是时间。这个资本赋予你们斗志、精力和勇气。不要被前行的困难恐吓住，那些困难是通往成功的台阶，是必须经历的。

一位哈佛教授在课上和学生们做了这样一个活动——

教授拿出100元钱，对所有学生说道："现在我们做一个游戏，请同学们在听完游戏规则之后立即行动起来。同学们可以拿出五十元来换我手中的一百元，谁愿意换？"

同学们觉得有些难以想象，他们你看我我看你，犹犹豫豫地不敢做交换。时间一分一秒地流逝，终于有一位同学犹犹豫豫地站了起来，与教授做了交换。当然，他赚了五十元钱。教授有些失望，对着台下的学生们说道："你们有什么可犹豫的呢？你们年轻，有理想，有精力，希望拥有一个精彩无悔的人生，那么你们就没有犹豫的权利。"

时间永远是最珍贵的，它是一切理想变成现实的基础。浪费时间的人是最可悲的人，是没有资格谈论成功与否的。永远不要把今天该做的事情，拖延到明天，那些只知道等待明天的人，永远也无法掌握自己的命运。所以，我们一定要克服一切困难，坚决做到"今日事，今日毕"。

高效能人士决策的秘密

"哎，今天的任务又没有完成！"

“先放一下，待会再说吧！”

“天啊，领导让交报告，我还没做，要疯的节奏。”

“每天都很忙，可是忙了好久也没看到工作成果，我究竟在忙些什么？”

……

你还在被“拖延症”困扰吗？为什么身边的牛人们，每天都像有 48 小时一样，同样上班、加班，居然还能四处度假，甚至接“私单”？其实，原因只是你的“时间管理”不到位而已。

其实，世界上没有天生的懒散人。“拖延”和遗传没有关系，更不是不能克服的心理魔鬼，只要自制力够强，时间管理方法合理科学，任何人都能告别“拖延症”“懒惰病”，从而成为高效能人士。

千万不要小看“拖延”的伤害，它不仅会严重影响我们的工作学习效率，还会给人带来心理上的伤害。因为没能及时完成工作，“负罪感”“自我否定”“贬低自身价值”“焦虑”“压抑”等一系列负面情绪会迅速攻占我们的生活，长此以往，整个人就会失去“正确积极”的乐观心态，甚至变得脆弱，不堪一击。

消除杂草的最好办法就是在土地上种满庄稼，同样的道理，远离拖延症的最好办法就是“时间管理”。那么高效能人士都是怎样成为“效率超人”的呢？

（1）一定要保持能量。

俗话说“早睡早起精神好”，但在这个手机、电脑、互联网普及的时代，又有几个不是“夜猫子”？又有多少人能坚持合理规律的生活作息呢？

“网络依赖症”“无法抗拒游戏”“无法摆脱手机”……尽管每个人熬夜的理由不尽相同，但毫无疑问都严重影响到了工作精神的饱满。要想成为高效能人士，首先必须做到不熬夜、不赖床、吃好睡好，只有这样才能保持精力充沛，摆脱“逃避”心理，改变“拖延”现状。其次，要坚持运动，运动不仅有利于身体健康，还能让大脑保持思维活跃，有利于我们在工作中保持充沛的精力，这也正是“精英们”都热爱运动的原因之一。

（2）确定优先级别。

在工作中，我们常常需要面对“堆积如山”的工作，如果没有一个合理的处理顺序，必然会陷入“焦头烂额”“手忙脚乱”之中，时间是有限的，既然无法在有限的时间内把工作做完，那就先做着急的事、重要的事。不妨每天早晨做一个简单的工作计划表，按照轻重缓急将手头工作分门别类，然后再开始工作。

有些人不愿意“确定优先级别”，认为拿来制定计划的这些时间还不如用来完成一项工作，殊不知这种想法是非常片面的，所谓“磨刀不误砍柴工”，如果能先确定处理事务的先后顺序，其时间利用率自然会大大提升。

（3）提前计划。

古人早就告诫我们“凡事预则立，不预则废”，如果你想成为像哈佛人一样的精英人士，就要养成凡事提前计划的行为习惯。

每天、每周、每月都要给自己制定一个大体的行动计划，凡事都要给自己人为设定一个“最后期限”“最后通牒”，从而促使自己按照计划行事。为了提高计划“执行力”，不妨将大事分解成具体的小事，然后把做这件事情的时间锁定住，这样一来，拖延就无所遁形了！

那些成功者、行业精英在时间管理方面都有一个共同特点，即喜欢“To-Do List”（工作表），他们享受按照计划完成工作的成就感。而“成就感”又恰恰是激发他们更乐观、更自信、更成功的“心理学”动力。从今天起，对自己的时间也进行一番管理吧，只要找到了“To-Do List”的成就感，你离成功就不远啦！

给自己适当制造压力

美国专栏作家陶乐丝·狄克斯早年历经贫困的深渊，深切体会过欲望、挣扎、焦虑与绝望，却始终坚韧地工作着。有人问："你是如何度过苦闷时光的？"他回答："熬得过昨天，就能熬得过今天，我决不允许自己去想明天会如何。"

这个世界上没有不费力的工作，有时候甚至要承担巨大压力。在任何一个组织里，竞争与挑战都无处不在，在各种内外环境的刺激下，人们很容易出现情绪上的波动，从而产生心理压力。为了适应这种局面，除了提高工作技能以外，还应在日常工作中主动为自己制造压力，提升心理抗压能力。

现实生活中，如果一个人压力过大，就很容易与人发生冲突、误解。说话态度冷淡，感情迟钝，无论描述自己还是评价他人，都倾向于用一些负面的词汇。所以，压力大的人在工作和生活中，往往缺少积极乐观的态度，缺乏正能量的自我激励。

不过，适当的压力也是不可或缺的，他能激发人的斗志，提升工作的积极性。研究表明，一个人完全没有压力容易造成拖延，甚至失去前进的动力。科学家贝弗里奇说："人们在逆境中往往表现得比平时更出色，思想上的压力，甚至肉体上的痛苦，都可能成为我们前进的动力。"也就是说，适当的压力不但是行动的最好保障，而且还能将个体的潜能最大限度地激发出来，从而创造奇迹。所以，工作中给自己适当制造压力能提升效率与执行力，这是那些平日里养尊处优的人不能体会到的。

一位欧洲服装设计师虽然很优秀，但有拖延的习惯。为此，他想给自己施加一些压力，从而获得更广阔的发展空间。于是，他决定到泰国去开发市场。当时，泰国没有时装这个概念，从大城市到小乡镇，从大街到小巷，全是清一色的民族服装。

但是，这个想法遭到了朋友的质疑："泰国根本就没有人穿时装，去那里推广时装，这种想法实在太可笑了。"但这位设计师仍然坚持己见，因为他就是想给自己制造压力、激发潜能，最终告别拖延症。

虽说在欧洲是十分有名的设计师和服装商，但是到了泰国以后，他却遭到了有生以来最大的挑战——前来参加服装展的人寥寥无几，更别说有人与之合作了。后来，经过多方打听，他了解到泰国人的思想比较保守，穿时装怕被人排斥和嘲笑。

尽管如此，他依然相信爱美之心人皆有之，没有人愿意把躯体永远裹在单调的服装里面。慎重考虑之后，他一改欧洲服装那种"暴露"的风格，在设计上做了保守处理，并且根据泰国人的体型对服装大小进行了调整。

两个月以后，他带着几套时装参加泰国服装联合会。令人诧异的是，没有一个工作人员穿时装。见此情景，这位设计师的助手说："我们还是死心吧！连这些工作人员都不穿时装，凭什么说服别人去穿呢！"

"现在下结论还太早！"设计师淡定地说。

在接待室里休息的时候，为了展示自己的品牌，这位设计师想找一个泰国人试穿设计好的时装。恰好，一位容貌俊美的秘书小姐走过来倒茶，设计师站起来，非常有礼貌地说："打扰一下，您能试穿一下这件衣服吗？"

助手见这位秘书小姐长得又高又胖，就悄悄说："这个姑娘的身材并不好，如果让她试穿，肯定会取得适得其反的效果！"但是，设计师坚持要让秘书小姐试穿。

当这位女秘书从隔壁办公室里走出来时，瞬间就吸引了在场所有人的目光，并赢得了阵阵赞叹声。设计师立刻举起相机，拍下了这位泰国女孩子穿上时装后的动人身姿。

之后，这位设计师到泰国的各大纺织厂、丝绸加工厂和商场去参观访问，每到一处都要把那张照片拿出来给人看。很多人都被照片里那位穿着时装的泰国姑娘吸引了，心里不免有些蠢蠢欲动。不久，设计师终于开始打开了泰国市场，他的时装逐渐遍布泰国的每一个大商场。

其实，这位设计师就是在全世界拥有 400 多个商标代理合同，服装在 130 多个国家生产和销售，并且集设计师、品牌、公司于一身的皮尔·卡丹先生。

皮尔·卡丹之所以能够成为服装行业的成功人物，在很大程度上是因为他懂得给自己适当地制造压力，从而迎难而上，释放出了巨大潜能及才华。处在压力之下的人，如果积极面对眼前的挑战，就容易把压力转化为动力，表现出高效的执行能力。

世界的规则本来就是“物竞天择，适者生存”。创造学之父奥斯本说：“谁被逼到角落里，谁就会有出奇的想象。”一个养尊处优的人，不会有压力感，更不会去积极发挥自己的全部潜能，寻求走出困境的办法。而一旦人们调动起自身的潜能，就会爆发出惊人的力量。

总之，我们不要把压力当作阻力，把拖延当作习惯。如果每天都生活在没有压力的状态中，就会慢慢由满足变为空虚，原来的愉悦感也会消失殆尽。而且，长期处于这种状态的人一旦陷入困境，或者面对强大的压力，往往会瞬间垮掉。也许没有压力，反而会成为你的致命伤；而适当的压力能激发出人的潜能，让人清醒地认识自己，再化为一种不竭的动力，最终走向成功。

果断行动，让拖延到此为止

对于上班族而言有一个非常熟悉的场景，就是对付睡懒觉的恶习。很多人为了克服睡懒觉，告诫自己明天一定要早起，并把闹钟定好。第二天，闹钟准时响起，但是你却赖在床上，丝毫没有起床的意思。你安慰自己，今天是最后一次睡懒觉，明天一定会按时起床，为了应付烦人的起床，再最后享受一次安逸。最后你关掉闹钟，继续蒙头大睡，直到快要迟到的时候才醒来。然而到了第二天，你却依然重复昨天的情景，早起也在你的自我安慰中一次次化为泡影。

这种情况只是拖延心理在作祟，现代社会生活节奏快而且压力大，面对纷繁复杂的事情，很多人不自觉地开始拖延，他的人生也在拖延中不断经历失败。对于那些失败的人，并不是没有成功的能力，也不是没有成功的信念，而是缺乏将计划付诸行动的意志力。那些习惯拖延的人总会给自己找各种各样的借口，将事情拖到最后一刻才开始行动。但是成功从来都不会被“拖延”出来，而是行动起来才有成功的可能。一次行动要比一千次的“想”来得实际得多，当自己有了目标之后，最重要的就是要付诸行动。

千里之行，始于足下。不积跬步，无以至千里。只有行动起来，才能一步步接近自己的目标。在生活和工作中，很多人因为怕不完美，怕失败，不敢开始，想要等待最佳的时机。因此，在做事情的时候总是思前想后，不敢行动，结果是一拖再拖，也就在拖延中丧失了最佳的行动时机。其实完美的事情是不存在的，任何事情都会或多或少存在瑕疵，再好的计划也有不周全的地方，但最关键的是要去落实自己的计划。只有行动起来，那些瑕疵才能暴露，也才能被修正，成功也才有可能。一味地等待、拖延，永远不会被成功青睐。

强者创造机会，智者把握机会，弱者等待机会，愚者丧失机会。一想二干三成功，一等二看三落空。事实就是如此，成功的人只能是敢于付诸行动的人，那些等待的人、观望的人，等来的只能是失败。

陈桐是一家研究所的研究员，最近在为自己的新课题而苦恼，课题虽然已经准备好了，但是他却迟迟没有报上去。因为在他看来新课题还不够完美，时机好像也不太合适。这时候一家杂志社邀请他为杂志写一篇学术论文，而且答应给他不错的报酬。想到自己的课题还不够完美，陈桐答应了杂志社。等帮杂志社写完论文之后，陈桐再次陷入新课题的纠结当中。就在这时候，一所学校邀请他过去做一次讲座，陈桐又把课题放在一边，转身去准备讲座。

就这样，陈桐对新课题一拖再拖，最终他的新课题错过了申报时间，被迫放弃。和他一同负责新课题的同事并没有怪他，而是和他商量进行新的课题申报。但是这时陈桐已经开始动摇了，开始怀疑自己是否适合进行课题研究，就让同事给自己一段时间考虑考虑。

随后，陈桐开始用各种借口拖着，一直没有给同事答复。直到有一天，同事告诉他已经完成了课题申报，很快就要进入试验阶段。这时候，陈桐感到非常懊悔，后悔自己当初为什么不下定决心和同事一起申报课题。但是，陈桐也明白了自己的失败完全是因为拖延，机会要靠自己主动把握，等待只能错过机会。明白了这一点之后，陈桐立即开始新课题的准备，在三个月之后，他的新课题也顺利地通过了审核。

确实，在工作和生活中拖延极大地影响了我们做事的效率，也许很多人还没意识到拖延的危害，但是我们确实或多或少存在着拖延的症状。也正因为拖延，我们很多人只能与成功擦肩而过。其实成功并不难，就是一旦有了目标，就行动起来，并坚持下去。因为那些立即行动的人，比等待的人更能充分利用时间，也更能把握住时机。

做事拖延的人不会成为一名成功者。拖延的心理会一点点消磨掉他追求成功的激情和执着，他的进取心和责任心也会在拖延当中被消耗殆尽。而告别拖延的最佳方法就是行动起来，因为一旦行动起来，你就会发现，自己离目标的距离要比等待的时候近得多。所以，要想成功，请行动起来，并坚持下去。

第七章

做事分清主次，自然可以游刃有余

东忙一下这件事，西忙一下那件事，结果哪件事都没忙完，哪件事都没做好，这是不少职场人的通病。工作再忙，做事也一定要分清主次，千万不要眉毛胡子一把抓。

艾森豪威尔法则：分清主次，高效成事

艾森豪威尔法则又称四象限法则，由德怀特·戴维·艾森豪威尔提出，是指处理事情应分主次，根据紧急性和重要性，将事情划分为必须做的、应该做的、量力而为的、可以委托别人去做的和应该删除的五个类别。

德怀特·戴维·艾森豪威尔是继格兰特总统之后，第二位职业军人出身的总统，曾获得过很多个第一。为了应付纷繁的事务，并高效处理，他发明了著名的“十”字法则，画一个十字，分成四个象限，分别是重要紧急的，重要不紧急的，不重要紧急的，不重要不紧急的，然后把需要做的事情分好类放进去，再按主次采取行动，从而让工作、生活高效运行。

很多时候，人们总觉得身边有“时间盗贼”，没做多少事情，一天就过去了。忙忙碌碌，年复一年，业绩却寥寥无几。这是因为你80%的精力去做了只会取得20%成效的事情，做事不分主次必然会导致效率低下。

《大学》有云：“物有本末，事有终始，知所先后，则近道矣。”意思是，任何东西都有根本有枝末，每件事情都有开始有终结。明白了这本末始终的道理，就接近事物发展的规律了。做事要认清“本末”、“轻重”、“缓急”，并按正确的顺序行动。

安然是一家公司的秘书，日常工作是撰写、整理、打印材料。很多人认为这份工作单调乏味，但她自己却说能够从中学到很多东西。她说：“检验工作的唯一标准，就是你做得好不好，而不是其他因素。”

安然深知做事情分清主次才能出效率，所以她在工作时很注重条理性。虽然工作繁杂，但她做的井井有条。后来，她发现公司的文件存在很多问题，甚至经营运作方面也存在问题。于是，除了每天必做的工作之外，她细心搜集了一些资料，并把它们整理分类进行分析后，写出了建议。

经过两个月的努力，她把自己的建议交给了老板。起初老板并没有在意，后来老板无意中看到那份建议，读完之后非常吃惊。他没想到这个不起眼的年轻秘书，居然对公司的事情这样上心，有这样缜密的心思，而且她的分析主次分明，细致入微。

于是，老板立即召开中层会议，讨论并采纳了安然的大部分建议。结果，公司的运营效率提高了，挽回了许多不必要的损失。

老板认为公司有安然这样的员工是福气，因此对她委以重任。

如果想提高工作效率，一定要分清主次、轻重、先后，学会抓重点、抓中心、抓关键。高效地做好一件事情，做精一件事情，同样要懂得合理分配时间，利用好最关键的资源，并做到重点出击、重点突破。那么，如何分清主次，提高自己的做事效率呢？

首先，应该将事情归类。把每天要做的事情写在纸上，按照艾森豪威尔法则进行归类：1. 必须做的事情；2. 应该做的事情；3. 量力而为的事情；4. 可委托他人去做的事情；5. 应该删除的事情。

其次，确定必须做的事情由谁来做。是否必须由我做？是否可以委派别人去做，自己只负责督促？

最后，合理分配时间。高效能人士用80%的精力做能创造更高价值的事情，用20%的精力做其他事情。所谓创造更高价值，即做符合“目标要求”或自己比别人更擅长的事情。

运用艾森豪威尔法则，抓主要矛盾、解决关键问题，就能避免把时间和精力花费在次要的事情上，从而提高办事效率。

列一个工作任务清单

为自己的工作制订规划，首先要做的就是为自己列一个任务清单，在清单上将自己需要做的事情罗列出来，为自己的时间划分提供一个依据。

列清单是方便计算我们的时间的必要条件，很多时候我们虽然知道自己有很多事情去做，但是一到忙起来的时候，往往容易忽视很多事情，甚至有些时候，这些事情是重要的，可是却由于我们的繁忙而忽略掉了。

想要工作条理清晰，不耽误事儿，不会漏掉重要的事情，那么在生活中，为自己的事情列一个清单吧，你就会发现事情处理起来会变得得心应手。

罗列任务清单更重要的是可以让我们在事件当中有取舍，让我们少做很多的无用功。

王菲是一个职场新人，但之前她已经有不少实习经历了。她的学历是研究生，在面试的时候非常顺利就进了公司。

本来是顺风顺水的事业路程，但是并没有持续太久，因为在不久之后，她的不足就暴露了出来。由于她的实习工作比较琐碎，是别人将自己工作的一部分分给她的，所以那时候觉得时间并没有那么紧迫，但是没想到的是，真的到了职位上，自己做的事情就远远不只实习生的时候那样少了，这让她有点接受不了。

为了适应这种状况，她每天都早早地来到公司，开始自己的工作，中午有时候大家都去吃午餐了，她还在座位上赶材料，只能让同事帮忙带点粥或者饼之类的速食，一边工作一边吃，但即使是这样，她的工作还是问题百出。

“小菲，今天下午的会议资料准备好了没有？下午要用了。”她却是满脸迷茫，今天有会议吗？她在心里自问，才发现昨天自己记得的，但是因为要做季度报表，后来忘记了这件事，今天过来以后就开始新的工作内容了，这件事被自己抛诸脑后了！

王菲一下子慌了。同事看到她的反应，也立刻明白了情况，对她说道:“你先别慌，赶快做吧，现在还有时间。”无奈，她只好放下手头的工作，先整理会议资料。

好在会议开始之前，她将资料准备好了。但是这次的事情，让她提起了警惕之心。“我已经这么努力了，为什么还总是时间不够用？那些老员工的工作并不比我少，甚至比我还多，为什么他们可以完成？”于是，她开始关注大家都是怎样工作的。渐渐地，她发现大家几乎都有一个专门的笔记本，但不是用来记笔记的，而是用来罗列自己每天要做的事情，上边清晰地标注着哪些事情必须今天完成，先后顺序是什么，哪些事情可以放到明天，哪些事情非今天不可……

她知道，自己也需要这样一个清单，来帮助自己管理日常的工作。有了解决的办法，王菲的工作顺利了很多，慢慢地，她的效率已经能和老员工相媲美了。

一个好的任务清单可以很好地帮助我们解决很多日常工作中的问题，如果你还没有做，马上行动起来吧！

（1）搞清楚自己的工作内容。

做清单最重要的是有内容才行，首先要做的就是我们必须弄清楚自己一天的工作都有哪些，千万不要有遗漏，否则你的清单一定是不完美的。

（2）注意时间观念。

任务清单还要做到有时间观念。我们每天的时间是有限的，精力是有限的，所以我们在安排的时候，有些事情可以向后放一放，有些事情可以向前提一提，根据自己的时间和精力合理分配。

五分钟工作排序法

每天用好五分钟，你会发现其实工作也没有那么复杂和困难。

可能我们每个人每天都会面临一些事情：不停地接打电话、不断地接待客户的来访、参加一个又一个的会议、参加朋友聚会，和家人出游等等。这些事让我们的生活变得忙碌，有些人可以安排得井井有条，有些人却会手忙脚乱。

这种现象在很多人身上都会发生，一些高层人士还好，可以吩咐给下属去做,而那些没有下属的员工或者个体户,很多事情都必须亲力亲为。

这么多事情，怎么才能更好地安排好时间呢？

很简单，拿出五分钟，为自己需要做的工作排下序吧！

要决定工作的优先顺序，首先就是把事情逐条列出，然后依据重要性调换顺序，然后再据此顺序进行工作。这样的话，工作就会变得井然有序，很简单的事，只要做到，效率就可以提高。

可是在五分钟里排出事情的顺序，我们要以什么样的标准进行呢？

现在网络上有很多关于时间排序的办法，这里，推荐你使用 ABC 系统：列出清单之后，在那些你最为重要的条目左侧写上 A；在那些一般重要的条目左侧写上 B；在那些最不重要的条目左侧写上 C。在这个过程中，你只是依据自己的感觉，因为事情并没有确定，而且会存在变数。

然后将不同的条目进行对比，把重要的排在前面，然后依次是一般重要的，不重要的。重要的事情要适当多安排一些时间，做好准备。

然后比较事情的紧急性。同样的，我们用 a 代表最紧急的，用 b 代表一般紧急的，用 c 代表不紧急的。同样的程序重复一遍，排列出紧急性的顺序，组成组合进行排序。

一般来说 Aa 是最重要而且最着急的，所以一定要先做；Cc 是最不着急的，而且重要性也不是很大，可以放到以后再做。

当然这个顺序并不是固定不变的，有可能今天很急的事情发生了变动，到了明天接到通知说不急了；一些本来可能很重要的事，因为周围环境的变化，可能就不是那么重要了。这些我们都可以根据具体的情况适时作出调整。

给大家讲述一个真实的故事。

美国伯利恒钢铁公司总裁查理斯·舒瓦普曾会见效率专家艾维·利，作为一名管理者，舒瓦普的管理似乎并不尽如人意。他说：“请您给我出个主意，怎么样才能更好地利用我的时间。如果可以提高我的效率的话，我会十分感激您的。”

艾维·利告诉舒瓦普，他可以在几分钟内给舒瓦普一个不错的办法，可以让舒瓦普的公司业绩提高至少 50%。舒瓦普兴奋极了，可他拿到手里的只是一张空白纸。“你把明天必须完成的事情全部写下来，然后按照工作重要性编上号码，明天从 1 号任务开始做，一直专注于 1 号任务，直到完成，然后再完成 2 号和 3 号，以此类推。这样，你一天结束时肯定会完成最重要的事情。”艾维·利说道。

一段时间以后，舒瓦普给艾维·利寄去一张 2. 5 万美元的支票，并附有一封信。信上强调，那是他一生中最有价值的一课。不久之后，当年不为人知的小钢铁厂已经一跃成为世界上最大的独立钢铁厂。

从这个故事里，我们可以看到，用几分钟来为工作排序，取得的效果是惊人的。这可以让我们的工作更加有成效。

（1）坚持要事为先的选择。

用五分钟为工作排序，制定一个有用的，可以真正解决问题的工作表，主要的事要放到前面，紧急的事要放到前面，并严格去执行。

（2）根据实际确定排序标准。

是根据难易排序，还是根据缓急排序，又或者根据事情轻重排序，不同情况下有不同的标准。要根据实际需求，确定合理的排序方法。

分清“重要事”和“紧迫事”

看一个人做起事来是否真的有头脑，关键要看他能否分清事态的轻重缓急。智慧之道，就在于明白什么事可以略过不论，什么事是非做不可；什么事火烧眉毛，什么事徐徐图之。

古人云：“事有先后，用有缓急。”想成为一名优秀的工作者，就要分清事情的轻重缓急，做起事来井井有条，完成后的效果不同凡响。做事的时候次序处理好了，不但可以节约时间、提高办事效率，最重要的是能给自己避免很多麻烦。

决定好做事情的轻重缓急，是为自己找到更多时间去完成最为紧要的事情的第一步。换句话说，分清哪些是“重要事”，哪些是“紧迫事”，能让你更好地利用自己的时间解决最重要的、最急切的问题。

任何事情都有轻重缓急之分，重要性最高的事情和紧迫性最强的事情应该优先处理，不应将其和重要性最低不太重要的事情混为一谈。对于手头上的事情，我们可以先把它们按照“急重轻缓”的顺序排列，整理好再着手处理。

按照轻重缓急的程度，可以分为以下四个层次：

（1）重要且紧急（这些是必须立刻或在近期内要做好的事情）。

这类事情是你最重要的事情，而且是当务之急，有的是实现你目标或者事业的关键环节，或者是和你的生活息息相关。因此它们的紧急和重要性，要比其他每一件事都优先。

（2）重要但不紧急（注重效率）。

现实生活中，很多重要的事情都不是紧急的，可以现在或稍后再做。

这种事情要求我们具有更多的积极性、主动性和自觉性。

（3）紧急但不重要（看起来需要立刻采取行动的事情，但对我们来说并不是特别重要）。

这类事情在我们的生活中很常见，比如你很想睡觉，但是朋友打电话来说要你一起去聚餐，你又没有足够的理由拒绝他。于是第二天你觉得头昏脑涨，没有精神，自己以前制订的计划不得不取消，你认为重要的事情却没有做。所以这类事情很值得我们注意，如果处理不好，就会让自己陷入被动的局面。

（4）不紧急也不重要（事情是小事，也不着急）。

很多事只有一点价值，既不紧急也不重要，有时候它会为我们提供成就感，但是价值并不大，如果我们长期沉溺于这样的事情当中，就是在浪费大量宝贵的时间了。

许多人做事不按照重要性和紧迫性的顺序，而喜欢以自己觉得愉快或者方便的方式来做，但这样往往是低效率的。如果你想有所成就，不如抽个时间，好好问问自己现在什么对你是最重要、最紧迫的，什么又是既不着急，关心程度也不那么高的。然后采取行动，去完成重要和紧迫的事情。

现实生活中每一个事件大都是如此的规律。假如你生病了，那么你最重要的事情就是去医院，而不是拼命地工作，否则就会得不偿失；比如你想上街买衣服，但这个时候上司交代了任务，那么你要做的就是先完成任务，因为买衣服什么时候都可以，而且并不是最重要的事情。

所以要把握好自己，用理性判断事情的轻重缓急，做出最合适的选择。

（1）按照一定的标准把事情的层次划分好。

在实际生活中，可以按照上面的层次对自己的事情进行分类，这样，我们每天的时间就可以被充分地利用起来，工作效率也会随之提高。

（2）搞清楚自己的目标是什么。

“重要事”和“紧迫事”对于不同目标的人而言，结果是不同的，一件事也许对 A 来说是重要的，对 B 来说就是不重要的，所以一定要清楚地知道自己要的是什么，才能做出最好的选择。

第八章

认清真实自我：成长就是一场和自己的较量

一个人从幼稚走向成熟并不是与生俱来的，而是在社会生活中不断实践并通过自省来实现的。生命的旅程本身就是一波三折，唯有认真审视自己的身份，勇敢面对灵魂的黑暗和对未来的恐惧，才能在自省中不断进步，实现心灵的成长。别在年轻的时候选择安逸，别因一时的艰辛放弃梦想！你不努力，谁也给不了你想要的生活！

超越自私本能，自控心性拓宽胸怀

凡事只考虑自己，从不顾及他人感受的人，大多生性自私。自私的人在与人相处的过程中，人际交互的跷跷板往往是静止的，他们高高地坐在跷跷板的顶端，虽然显得威风凛凛，却丧失了与人互动的乐趣。

其实，自私是一种比较普遍的心理现象，是人的一种本能，处于一个人的心灵深处，它的存在与表现常常不为个人所意识到。例如，有的人不顾社会历史条件的要求，一味想满足自己的各种私欲，可是他却并非意识到这种行为过于自私，相反，他在侵占他人利益时往往心安理得，也因为如此，我们才将自私称为人格缺陷。

自私之心是万恶之源，贪婪、嫉妒、虚荣等病态心理从根本上来说都是自私的表现形式。自私的人往往是不幸的，因为他们常常为了自己一时的利益而忽视了共同利益，最终反而让自己失去更多。

在经过重重筛选后，杨洋和另外三位应聘者终于脱颖而出，进入最后一轮面试。

杨洋对这份工作抱着很大的希望，而且她相信，以她的专业知识和已有的几年工作经验，绝对能胜任这份工作。但是她也听说，和她一起进入最后一轮面试的三位应聘者也都是名牌大学的高才生，据说有一位还是国外留学回来的博士生。但这并没有打击杨洋的信心，她在心底给自己鼓着劲。

赶到公司的时候，距面试开始还有一段时间。为了打破沉寂的局面，四个人勉强地聚在一块儿闲聊了起来，但交谈中彼此都显得比较矜持和保守，她们都不想向对方透露过多的信息，以免在最后一轮面试中失利。

忽然，一位中年女子匆匆忙忙走了进来，她的到来使四人很是吃惊，因为在前几轮面试中都不曾见过她。

这位中年女子看出了众人的疑惑，主动进行了自我介绍，原来，她也是前来参加面试的，但由于太粗心，出门忘记带钢笔了。

“请问你们谁有钢笔借我用一下？我想填写一份表格。”中年女子望向大家。

四个人面面相觑，他们谁都不想增加一个竞争对手，尽管她们身上都带着钢笔。

“对不起，我的笔快没墨水了，勉强还可以用，不过字迹可能会淡一些。”一个柔美的声音打破了沉默，四人中那位刚毕业的女孩向中年女子递上了钢笔。其他三人纷纷向她投去了嘲笑的目光。听说那位女孩不但刚毕业，而且还是毕业于一个二流大学，多给自己制造了一个竞争对手，看来她的机会更渺茫了。

规定的面试时间已经过去半个小时了，面试室中却仍毫无动静。等待面试的几个人终于按捺不住，一起敲开了面试的门，打算问问情况，谁料，坐在面试室里面的正是刚才那位中年女子。

“结果已经出来了，这位小姐被聘用了。”中年女子指着刚才借给她钢笔的女孩微笑着说，“本来你们大家都有机会，但遗憾的是，你们自己不给自己机会！”

此时，杨洋才恍然大悟，原来“借笔”便是最后的复试啊。因为自私，她把取胜的机会拱手让给了别人。

自私的人懂得为自己谋利，是一种生存必需，是进步的动力，也是自我保护的方式。可是一旦将这种本领歪曲并延伸，便会发展成无可救药的极度自私。不过，自私心理并不是洪水猛兽，只要我们意识到自己的自私行为并及时自控，拓宽胸怀，便能够在行为中纠正自私心理，使自己的灵魂得到净化。

首先，我们可以给自己立个规矩。例如对于意外之财的态度，“君子爱财，取之有道。不义之财，分文不取”，有了这一条规定，就能遏止私欲的发展，并防止其泛滥。

其次，我们应平等地对待每个人。在与人打交道时，我们绝不能抬高自己、贬低他人，而应对所有的人给予应有的尊重——尊重他人的人格、个性、习惯、喜好和隐私等。

第三，尽量帮助他人。帮助他人是一种美德。助人是在助己，因为每个人都难免会遇到困难，这时候每个人都需要他人的帮助。如果你没有在他人需要帮助时伸出援手，那么当你需要帮助时，你便丧失了向他人求助的资格。

“自私是人类的一种本性，高尚者和卑劣者的区别在于，前者能够克制这种本性而代之以无私的给予，而后者则任其肆意横行。”我们要想做一个高尚且幸福的人，就要克服这种“天生”的利己心理，不要被自私的邪恶力量所控制。

坦然面对诱惑，做最好的自己

每个人在走向成功的道路上，都可能遇到形形色色的诱惑，闪现出本能的贪欲。身处在这样复杂的环境中，面对诸多诱惑，如果没有定力，无法心性平和地接受人世间的一切，迟早会被贪念俘获，不仅会与自己的理想和准则背道而驰，甚至会将自己置于死无葬身之地。

面对诱惑与考验，每一个人都需要“定力”，平和的心态恰恰能帮助我们修炼好心性，增强生命的强大气场与能量。

人都有“七情六欲”，面对金钱、地位、美色、名声等各种诱惑，能心性平和，真正放弃那种不可遏止的欲望，以寻常之心淡泊名利的时候，我们才不会做物欲的奴隶，生活才会步入一个新的境界，享受到精神上、生活上的真正快乐。

生活中，很多人都抱怨自己有多么哀苦，其实如果能保持心性平和，对于自己所不能够做到的不强求，把人生一切得失都看作是大自然的顺应，让死之哀伤、生之欢乐都消融在大宇宙中，自然可以轻松摆脱很多不必要的苦恼。

心性平和，是一种心境，一种境界。无论做什么事情，都需要一个平和的心态，否则难以有所成就。一个真正了不起的人，往往在心态上很坦然，能够平淡地看待身边的人和物，不会被各种欲望迷乱了心性。因此，在日常生活和工作中，他们总是以平凡人的本分去待人接物，活得洒脱自然。

真正领悟平和心态的意义，并以此为人生准则，就能从中获取无限欢乐与满足，成为一个永远幸福的人。成大事者，既需要有崇高的精神境界，又要有睿智的理性思考，而平和心态的内涵博大精深，是我们成就卓越的利器。

心性平和是一种淡泊的心境，更是睿智的体现。尤其是面对许多大是大非、荣辱兴衰的局面时，能够以平和的心态去应对，就容易凭借常人少有的那份自制去理性思考，在权衡利弊中找到良策，做人做事都会显得大智大勇、超凡脱俗。

人生处处需要平和心态，不只是对你关注的事情保持平和心态，同时对于其他生活细节也需要保持这种心态。保持平和心态是一个成功者必备的素质，因为始终做到这一点可以激发你无穷的潜能，积极乐观地对待一切事物，从而赢得更多无限可能。

颇负盛名、人称传奇教练的伍登，执教全美篮球联赛十二年，替加州大学洛杉矶分校赢得十次全国总冠军。如此辉煌的成绩，使伍登成为大家公认的有史以来最受欢迎、最称职的篮球教练之一。而最让所有人喜欢他的理由是，他面对起起落落的篮球职业生涯为人处世拥有的积极平和的心态。

在一次采访中，一位记者问："伍登教练，请问你是如何保持这种积极平和心态的？"

伍登很愉快地回答："每天我在睡觉以前，都会提起精神告诉自己：我今天的表现非常好，而且明天的表现会更好。"

"就只有这么简短的一句话吗？"记者有些不敢相信地说。

伍登听后，坚定地回答说："简短的一句话？这句话我可是坚持了20年之久！重点和简短与否没关系，关键是在于你有没有持续去做，如果无法持之以恒，就算是长篇大论也没有帮助。"

伍登具有超乎常人的积极平和心态，不只是对篮球的执着，对于其他的生活细节也是保持这种精神。有一次，他与朋友开车到市中心，当时正是上班时间，堵车堵得非常严重。他们不得不在长长的车流中慢慢前行。过了一会儿，面对着一辆接一辆拥挤不堪的车潮，朋友开始感到不满，继而频频抱怨，但伍登却欣喜地说："这里真是个热闹的城市。"

朋友听了他这句话，不禁好奇地问："为什么你的想法总是异于常人？"

伍登笑着回答说："这一点都不奇怪，我是用心里所想的事情来看待，不管是悲是喜，我的生活中永远都充满机会，这些机会的出现不会因为我的悲或喜而改变，只要不断地让自己保持积极平和的心态，我就可以掌握机会，激发更多的潜在力量。"

朋友听了他这一番话，对他更加敬佩了。

身处一个充满诱惑的年代，时时处处都会受到各种外力的影响。历来都有无数淘金者怀着梦想向那理想之地进发，无论是沙漠还是荒野，然后你争我夺，不惜付出生命的代价。这种诱惑，是对财富苛求的欲望。其他如权位、美色等诱惑，也深刻左右着人们的言行。

能够坦然面对生活当中的各种诱惑，时刻明白自己最需要的是什么，不盲目地遵从别人的选择，才会有圆满的结果。经验表明，保持住理智，在诱惑面前权衡好自己的利弊关系，才可以从中寻找快乐所在。

其实，人总是欲壑难填，有些人一味地追逐生活享受，却抛弃了一颗宝贵的平常心。有许多人因为有金钱而不自在，因为有家庭而不自在，因为有爱情而不自在，因为有名利而不自在。因为有，所以不自在。有的人总是把生活过得战战兢兢，紧紧张张，生怕做错了事，生活过得太累、太苦、太烦躁，这都是因为心性不平和。所以，人生的意义，在于能在自在中生活，这样的人生最为成功。

社会在不断地进步，产生的诱惑也越来越多。是非、成败、得失让人或喜、或忧、或悲、或惊、或惧、或怒，一旦欲壑难填，人生的希望就会落空成幻影，乃至失落、失意甚至失志。要克服患得患失的无奈，必须宠辱不惊，心性平和。无论发生什么事情，都能够做到心如止水，不为外界所惑；以一种平和的心态、冷静的思维去看待分析周围的世界，正确地取舍，自然可以拥抱完美的人生。

控制欲望，远离心灵陷阱

“欲望越小，人生就越幸福。”这是托尔斯泰曾经说过的蕴含着深邃人生哲理的一句话。欲望越强，人生就会越不幸福，而欲望越小，越懂得满足，生活就会越幸福。在我们的生活中，有所追求是必须的，这会促使我们不断地进步，超越自己。但是，如果自身的追求不控制在一定限度之内，追求就会变成无休止的欲望，在欲望的逼迫下，我们就会成为欲望的奴隶，牢牢被它所奴役。

人的一生太短暂，但是物欲却是无止境的，过多的欲望，会使我们的心灵变得焦虑，精神上没有一刻的安宁，想要加薪，想要升职，想要大的房子，想要贵的车子，想要更高的地位……这些都激起了我们的贪婪之心，让我们为这些物欲所累，而失去了享受生活的乐趣。

有一个叫迈克的乞丐，虽然他很贫穷，每天以乞讨为生，但是他却过得十分快活，从来不把贫穷当作是一种负担。经常有人问他，为什么你在这种状况下还能过得这么开心呢？迈克回答说："我为什么不开心呢？每天都会有人给我东西吃，运气好的时候还会有人给我一些肉吃，甚至还有零花钱，我晚上还有地方休息，不用为任何人打工，我是我自己的主人，我有什么理由不快乐呢？"

迈克的这个思想影响了很多人，大家都认为他是一个快乐天使。但是，有一天，他却不快乐了。起因是迈克捡到了一笔巨额财产。刚捡到那些钱的时候，迈克是非常开心的，他想，以后我就不用再整天去乞讨了，可以安逸地度过下半生了。直到当天晚上，迈克都不敢相信这是真的，总觉得自己是在做梦，觉都没睡好。

第二天，他没有出去乞讨，他非常轻闲地度过了一天。后来，他慢慢想到，我现在拥有了这么多的钱，我还可以拥有更多。就这样，他又开始了乞讨的生活，并且比之前更加勤快，不过，现在的迈克只想要钱，不想要食物，他一心只想让他的钱变得更多。就这样，他天天为他的攒钱计划而操心，如果某天没有讨到钱，他就会坐卧不安，觉得自己浪费了时间。就这样，之前那个快乐的迈克不见了，他的生活越来越苦闷，心情也越来越郁闷，精神也越来越差。这样又过了许久，迈克病倒了，在他病倒的日子里，他还在为他的钱而担忧。最终，迈克抑郁而死。

没有金钱的迈克可以活得潇洒快乐，但拥有了金钱之后的迈克却没有变得更加快乐，反而变得忧虑。这说明，人的欲望一旦被激发出来，那么在它的支配下，人就会变得急功近利，舍本逐末，这样，之前的快乐也会弃之不顾，盲目前行。

新闻上经常看到某个贪官贪了多少钱，拥有多少处房产、多少辆豪车，被查出来之后，身败名裂。这些贪官所做出的行为就是被无休止的欲望所驱使的，他们已经被欲望蒙住了双眼，被它所控制，以至于做出那些让人发指的事情来。过多的欲望是恶魔，会让我们失去原来的快乐生活，会降低我们的生活质量，让我们身心俱疲。

控制欲望，是一种人生态度，是一种处世方法，是一种做人的智慧，掌控好就会让我们懂得知足，懂得满足。

控制欲望，遇事不要太功利，抱有太大的目的性，要顺其自然，心态平和，心胸开阔，这样才能够活得洒脱、快活。

控制欲望，我们要以一颗平常心看待物质的享受，得之我幸，失之我命，不要患得患失，杞人忧天。

控制欲望，过分贪婪的人，最后可能会人财两空，什么也得不到。一个富有的人，必定是能平淡对待自己生活的人。

控制欲望，要知道“身外之物，不眷恋”，这是通晓哲理后的通达。只有这样，才可以拥有一个轻松、愉快的生活。

贪婪是人的本性，但是聪明的人会懂得克制自己的欲望，不被它所左右，愚蠢的人却会被它所控制，成为它的俘虏。因此，我们要控制自己的欲望，把眼光放得远一点，把自己的心事放得轻一点，对一些身边的人或者物要看得淡一点，不要斤斤计较，不要因为一点点的欲望而丧失我们做人的原则，只有这样，我们才会拥有一种超脱的心境，不会为欲望所烦恼。

自我提升，完善性格

人的成长过程就是不断了解自己、提升自我、完善性格的过程。美国著名心理学家罗杰斯提出，每个人都有两个自我：现实自我与理想自我。其中，前者是个人在现实生活中获得的真实感觉，而后者则是个人对“应当是”或“必须是”等的理想状态。而只有当现实自我和理想自我完美结合的时候，才能真正实现自我完善和发展。

正所谓“性格决定命运”，在成长的道路上能够弥补性格上的缺陷，或者通过自我规划实现最佳性格组合，往往能成就非凡的梦想。比如，有的人太自卑、太敏感，渴望变得自信、果敢。实际上，现实中的他是自卑的，而理想中的自我则是充满自信的。显然，唯有不断地与自己作斗争，培养强大的内心，才能做一个不自卑、不敏感、从容自信的人，实现自我性格的完善。

美国第一夫人米歇尔·拉沃恩·奥巴马就是一个从容自信的人。她出生在芝加哥南部，家庭环境并不乐观，但是从小就严格要求自己，不断完善自我。年少时，米歇尔就展现出惊人的运动天赋，棒球、足球、篮球都有涉猎。她的学习能力超凡，13 岁时就进入了天才班，并学习了法语和大学物理课程。米歇尔曾经位列校内成绩最优等生达四年的时间。在成长中，米歇尔不断反省自我，主动提升和突破自我，在 1981 年进入普林斯顿大学学习，并在 1988 年取得哈佛大学法律博士学位。之后又在悉尼·奥斯汀律师事务所结识了她的现任丈夫，美国总统奥巴马。

米歇尔·拉沃恩·奥巴马的经历说明，自我提升、完善性格对人生的重要性。生活中，别人怎么看你，怎么议论你，都折射出你性格上的优缺点。能够从他人的议论中审视自我，弥补缺陷和不足，有助于我们不断提升自己，从优秀迈向卓越。

在自我提升的范畴里，品德修养一直是重中之重，因为一个人如果想获得旁人持久的认同，令自己的影响力永久性发挥作用，就必须在品德修养方面下功夫。可以说，那些品德上无瑕疵的人会率先垂范，焕发迷人的魅力，得到他人的心理认同与肯定。

曾经在日本麻生内阁担任消费者担当大臣的野田圣子，是日本历史上为数不多的女性内阁成员之一。她之所以能够获得众人的拥戴，就是因为她有着非同一般的品德修养。或者说，人格魅力是她成功的关键。能够有这样的成就，完全归功于野田圣子年轻时的一次学习经历。

1983 年，刚刚大学毕业的野田圣子进入著名的东京帝国饭店工作。她对自己的未来充满信心，并且在心中暗暗发誓：一定要走好人生的第一步。然而令人失望的是，她的第一件工作是洁厕工，每天都必须将马桶擦洗得光洁如新。这让她难以接受，甚至心理上一度作呕。

野田圣子不情愿的态度很快被酒店的一位老员工发现，他什么也没有说，默默地蹲在圣子身边，拿起工具亲手演示了一遍，认真清洗着马桶，直到光洁如新；然后将擦洗干净的马桶装满水，再从马桶中盛出一杯水，连眉头都没皱一下就一饮而尽，整个过程没有半丝做作。看到这里，野田圣子惊呆了。思考良久，她暗下决心，即使一辈子洗厕所，也要干得漂漂亮亮，做出一番成绩来。

从那以后，野田圣子为了检验自己的自信，为了证实自己的工作质量，也为了强化自己的敬业心，她曾多次喝过自己擦洗过后的马桶里装的水。

这一生活经历对野田圣子一生的成长产生了重大影响。也就是从那个时候起，她开始注意提升自我，培养追求完美的人生态度。触类旁通之后，她在品德修养方面也注重求进步，努力做到谦虚待人、工作认真、追求完美、自我严格要求……终于，几十年后她攀登上了事业的顶峰。

野田圣子的影响力在全日本可谓有目共睹。哪怕是成为内阁成员以后，她也没有忘记那位老员工当年所上的宝贵一课。一位真正的影响力发挥者，会依靠自己的人格魅力和优秀品德在周围人群中形成一种向心力、吸引力、感召力。显然，野田圣子通过自我修养，拥有了这种迷人的魅力。

野田圣子对工作天天都有“光洁如新”的追求，把每一天当成一个新的开始，认认真真做好每一件事。以这种认真的态度去做人、做事，自然可以逐步实现自我德行的完善，从而实现性格的优化与提升。

首先，做到客观评价自己。有时，人们容易自傲、忽略别人给予自己的意见和建议。而实际上，他人对自己的评价也许比自我评价更客观、具体。我们应该避免自我封闭，懂得信任他人，并谦虚接受别人中肯的意见。其实，不管对方是何等身份，对每个人来说都是一面镜子，从而对自己有一个完整、公正的认识。所以，有意识地扩大自己的社交圈很有必要，这有利于你得到更多信息反馈，最终做出正确取舍。

其次，要有自知之明，深刻地了解自己的长处和短处，并勇于挑战自己，完善自己，然后付诸行动。即使是很小的改变或象征性的计划，也比停留在脑子里的计划要好一百倍。要相信自己能够成长，能够改变，相信行动是改变自我、接近理想人格的最佳途径。尤其是最初产生自我完善想法之时，是最有行动动力的时候，此时应尽快付诸行动。此外，在行动中，要善于接受失败，能够把抱怨变成目标。一旦开始实施自我完善计划，就要坚持到底，决不可半途而废。

再次，要保持一个开放的思想。生活在一个日新月异的时代，所有的信息和事物都在不断地更新，因此必须不断重新审视自我，发现不足，并主动提升各方面的素养，从而适应社会的发展。就像大海兼容并包才能博大一样，一个人拥有开阔的胸襟，才能成就应有的深度与厚重，承担更大的使命。

当然，自我提升与完善的过程还需保持一份豁达心，凡事不可过分苛求。虽然追求完美是好的，可是过度的完美主义很可能给自己带来压力与麻烦。不盲目追求“完美性格”，而是努力拥有一个“完整性格”，才是最应该秉承的基本原则。这就需要我们客观地认识自己，包容和接受自己；增强自己的优点，改变自己的“大”缺点，接受自己的“小”缺点并把它变成自己的特点。

最后需要强调和提醒的是，千万不要因为别人而勉强改变自己，自我提升、完善性格应该是一个主动和积极快乐的行为与过程。永远不要为了追求八面玲珑而迷失自我。

每一个人都应该永远记住这个真理，只有不断自我提升、完善性格的人，才是一个真正的聪明人。人生在世，你我都有独特的禀性和天赋，都有独特的实现人生价值的切入点。只要按照自己的禀赋去成长、进步，不断地超越心灵的羁绊，你就能获取光辉人生，而不至于湮没在他人的影子里。

第九章

学会断舍离，人生从此提效30%

“断舍离”不仅是生活中的哲学，更是高效能人士的一种境界。舍得，有舍必有得，有得必有失。小舍小得，大舍大得，有舍有得，不舍不得。这不仅是成功者身上的华丽篇章，也是每个人生命历程中不可缺少的生存智慧。通过实践断舍离，人们才能在社会生活中进退自如，游刃有余，掌握生活主动权，赢得更广阔的生存空间。

剔除享乐心理，先清心后培养自控力

现代人们生活水平提高了，生活便利了，不再为吃穿发愁了，追求享乐的人越来越多了，人也变得慵懒起来。

由于人们总是对看似美好、有利的事物来者不拒，所以很容易造成人的短视行为。当人们习惯了这种美好生活方式之后，就不再注意和关注它，而是依靠习惯的思维和行为方式行事。受享乐心理的驱使，人们会越发迷恋眼前的一切。

殊不知，在不经意间，眼前的环境正在悄悄发生着变化，更深层的因素在作用，已让我们在不知不觉中处于危险之地。有时候，因为贪图小便宜而吃大亏，有时候，因为贪图一时享乐而贻误时机……

哈佛大学毕业的乔治，一生中穷困潦倒，50 岁时一无所成，郁闷而死。死后，他在天堂遇见了上帝。他向上帝抱怨自己做了 40 年的虔诚信徒，上帝却不肯赏赐给他一个像样的机会，让有才华的他平庸一生。而把成为世界首富的机会，给了根本不相信上帝存在的比尔・盖茨。

上帝翻了翻机会账本说："这机会我已经给你了，是你把它让给了比尔・盖茨那小子。"乔治不信，上帝便开启了时空隧道，将乔治 1975 年的生活再现。

画面里，乔治与比尔・盖茨一起在哈佛大学宿舍里打扑克。这时候，同学艾伦拿着那年第一期的《大众电子学》进来，递给乔治，说上面刊有关于计算机新发展的消息。

乔治接过杂志，随手一翻，边把杂志扔给比尔・盖茨，边不耐烦地说："这么垃圾的杂志你也看啊？懂不懂生活啊？能不能搞一本《花花公子》啊？你们真没劲！不玩了，约会去！”然后，扭着屁股找他的女友去了。

乔治走后，比尔·盖茨拿起那本杂志认真地读了起来，他立刻被一篇关于第一台个人电脑的报道吸引住了，并在脑海中开始畅想自己的将来。

那天晚上，乔治与女友在迪吧疯玩到深夜，然后又找了一家宾馆住下，及时享乐的画面让现在的乔治都感到不好意思。而看完关于电脑报道的比尔·盖茨，却在床上辗转难眠，思索着电脑将来的发展趋势和自己并不感兴趣的法律专业。

经过一个夜的内心挣扎，比尔·盖茨决定辍学，开创自己的公司。他与艾伦在家人不理解、乔治等同学的冷嘲热讽中，创办了只有两个人的微软公司。

这时，上帝关闭了时空隧道，对乔治说："那本杂志就是我送给你的消息，希望你看到，并抓住机会，做出行动。可你只贪图享乐，说没有《花花公子》好看，把杂志扔给盖茨后，跟女友疯玩了一夜，让盖茨抢占了先机。"

乔治抱怨地说："这不能怪我，当时你也没有提醒我，要不然我肯定会仔细阅读那本杂志，当时大学生都像我那样生活。假如我大学毕业之后，在计算机行业上班，你要是再给我这样的机会，我肯定不会错过。"

上帝说："乔治，在你的生活里，享乐比机会重要。即使给你再多的机会，你也看不见，更不知道珍惜和把握。"

从这个笑话中我们可以看出，剔除享乐心理对于成功的重要性。这是一个物欲横流的时代，享乐已成为一张无形而巨大的网，把年轻人紧紧困在网中央，使其忘记了生存的本质是竞争。只有保持竞争力，才能立于不败之地。其实，一时的竞争力下降不会改变长期竞争的事实。而欲望泛滥的享乐心理，则会使人的竞争力丧失殆尽，最终被无情淘汰。

那些先知先觉的人，都是清心寡欲、自控力很强的人。

因此，我们要想成功就必须先清心，再培养自控力，做自己情绪的主人。那么，如何培养自控力呢？不妨从以下几点做起：

（1）树立远大理想。

人生目标远大的人，会自觉抵制各种诱惑，摆脱消极情绪的影响，坚定不移地按照自己的目标去行动。无论他考虑任何问题，都着眼于事业的进取和长远的目标，从而获得一种控制自己的动力，不会使自己的人生迷失在享乐之中。

（2）不随波逐流。

一个有自控力的人是不会随波逐流的，当他们意识到自己已在享乐的迷途中时，会用极强的毅力让自己及时抽身，不要越陷越深。

（3）从日常生活中的小事做起。

高尔基说："哪怕是对自己小小的克制，也会使人变得更加坚强。"人的自控力是在学习、生活工作中的小事中培养、锻炼起来的。许多事情看似微不足道，却影响到一个人自控力的形成。如早上按时起床、严格遵守各种制度、按时完成学习计划等，都可积小成大，锻炼自控力。

（4）学会自我暗示。

经常进行自我暗示、自我提醒、自我监督，避免自己去做不该做的事情。如当学习时忍不住想看电视时，马上警告自己，管住自己；当遇到困难想退缩时，不妨马上警告自己别懦弱。这样往往会唤起自尊，战胜怯懦，成功地控制自己。

（5）要强化实践锻炼。

一方面要加强学习，积累知识，开阔视野，用知识来武装和充实自己，提高自己分析问题和解决问题的水平，并通过学习别人的经验来扩展自己决断事情的能力；另一方面，要培养自己性格中的意志独立性。要积极投身到现实生活实践中去，刻苦锻炼，不断丰富经验，提高自己的适应能力。

“成由勤俭败由奢。”人生路上，只有剔除享乐心理，清心寡欲，才不会迷失自己。而要想在物欲横流的时代，继续保持竞争力，就必须培养自控力，主宰了欲望，也就主宰了自己的命运。

跳出忙碌的圈子，丢掉过高的期望

你是否经常会发现自己莫名其妙地陷入一种不安之中，而找不出合理的理由。面对生活，我们的内心会发出微弱的呼唤，只有躲开外在的嘈杂喧闹，静静聆听它，你才会做出正确的选择。否则，你将在匆忙喧闹的生活中迷失，找不到真正的自我。

很多时候，我们为了一些过高的期望，每天都忙忙碌碌，将自己置身于一件件做不完的琐事和想不到尽头的杂念中。这种机械无趣的日子丝毫体会不到生活的乐趣。

这个时候，我们才发现，一些过高的期望其实并不能带来快乐，但却一直左右着我们的生活：拥有宽敞豪华的寓所和完整的婚姻，让孩子享受最好的教育，成为最有出息的人；努力工作以争取更高的社会地位；能买高档商品，穿名贵的皮革；跟上流行的大潮，永不落伍……

张强和他的妻子李玲原来在一家国营单位供职，夫妻双方都有一份稳定的收入，有一个活泼可爱的女儿。

每逢节假日，夫妻俩都会一同带着五岁的女儿倩倩去游乐园玩耍，到博物馆去看展览，到野外去爬山……一路上欢歌笑语，一家三口其乐融融，好不惬意。

后来，张强一个在外企的朋友动员他去外企工作，不仅工作体面，而且收入颇丰。为了能过上那种令人艳羡的体面生活，张强辞去了稳定的工作，跳槽到外企打拼。没过多久，张强也动员自己的妻子离职去外资企业。两个人共同畅想着那种买名牌、穿名牌，让孩子享受最好教育的美好未来。

凭着出色的业绩，张强和妻子李玲都成了各自公司的骨干力量。夫妻俩白天拼命工作，有时忙不过来还要把工作带回家，根本没有时间照顾孩子。两个人经商量决定，把五岁的女儿送到寄宿制幼儿园里。

李玲突然觉得，自从自己和丈夫跳到体面又风光的外企之后，这个家就不再温馨了，有点旅店的味道。孩子一个星期回来一次，有时她要出差，就很难与孩子相见，更别提带孩子出去玩了。

不知不觉中，孩子已经到了上学的年龄。在幼儿园的欢送会上，李玲看到自己的女儿表演节目，竟然有点不认得这个懂事却可怜的孩子了。虽然孩子跟着老师学了很多，但在亲情的花园里，她却像孤独的小花。

在外企，频繁的加班占据了她周末陪女儿的时间，以至于平时最疼爱的女儿在自己眼中也显得有点陌生了。这一切都让她陷入了一种迷惘和不安之中。

经过反复考虑，李玲毅然决定离开外企，找一份普通的工作，多一些时间陪孩子，继续过普通人的生活。

事实上，富裕奢华的生活需要付出巨大的代价，而且并不能相应地给人带来幸福。如果我们降低对物质的需求，改变这种奢华的生活目标，将节省更多的时间充实自己。轻闲的生活将让人更加自信果敢，珍视人与人之间的情感，提高生活质量。幸福、快乐、轻松是简单生活追求的目标，这样的生活更能让人认识到生命的真谛所在。

跳出忙碌的圈子，丢掉过高的期望，走进自己的内心，认真地体验生活、享受生活，你会发现生活原本就是简单而富有乐趣的。简单生活不是忙碌的生活，也不是贫乏的生活，它只是一种不让迷失自己的方法，你可以因此抛弃那些纷繁而无意义的生活，全身心投入到生活中，体验生命的激情和至高境界。如何才能跳出忙碌的圈子，享受简单的生活呢？

具体可以从以下几方面入手：

（1）不要事事追求完美。

要接受人生的不完满。完美是一种理想的状态，是每个人追求的目标，有了它，生活才会有奔头。可如果因刻意追求完美，而让自己处于紧张的状态，就像每天把自己绷得像一根橡皮筋，时间长了，也就不再有弹性了。

（2）学会忙里偷闲。

当工作成为一种习惯，我们想要抽身离开，休息一会儿并非易事。这个时候就要强迫自己出去散散心，听听音乐，也可以去享受一顿美食。暂时把自己从繁忙的事物中解脱出来，感受一下另一种气息。也许你会有新的发现，也许那个困扰你的问题已经有了答案。

（3）要懂得舍得。

舍得舍得，不去舍弃一些东西，怎么会得到更多。有些人的私心太重，想要的东西太多，总是忙忙碌碌地去追求，以至于忘记了生活的意义和乐趣。如果累了，就给自己放个假，出去玩玩，回来后以更加饱满的精神和昂扬的斗志投入到工作中去，收获未必会小。

身处激烈的社会竞争之中，每个人都如上紧发条的钟表。忙碌使人乱了分寸，无法静下心来。古人讲："一张一弛，文武之道。"试着跳出忙碌的圈子，丢掉过高的期望，走进自己的内心，认真地体验生活、享受生活，你会发现生活原本就是简单而富有乐趣的。

别苛求自己，你不可能让所有人满意

生活中总是有一些喜欢品头论足、好为人师的家伙。你穿了一件新款式的衣服，他说面料太差了；你没日没夜地辛苦工作，他说你是故意做给上司看；你设计了一个新的产品创意，他说好像在哪里见过……

这时候，你的内心难免会因此感到气愤。但千万不要真生气，你的愤怒只会让那些喜欢品头论足的人更加兴奋。

人最大的弱点，就是太看重别人的看法和反应，这难免会让自己的情绪因别人的评价而波动，对于别人的话，你就会未加思索便欣然接受。而一旦你接受了别人的观念，就会顾虑重重，将本来挺简单的事情搞得复杂化了。

张晓亮是一个缺乏主见的人，做事的时候常常畏首畏尾，拿不定主意。他大学毕业的时候，应聘到一家商贸公司做销售。

没想到，上班第二天，张晓亮遇到一个尴尬的问题。他刚冲进电梯，就发现后面站着的正是昨天刚见过的公司副总——人力资源部的主管，他开始犹豫要不要回过头打招呼。可是，他又觉得自己这样做显得太巴结了。况且，人家不一定能记住自己，还得当着电梯里那么人的面做自我介绍，多尴尬呀！于是，他决心不打招呼，就当没看见。

可是，后来张晓亮给副总的秘书送报告时，刚巧副总从办公室里出来，却像没看见他一样，目光飘得很远。他开始后悔电梯里的行为，心想，副总一定在电梯里看见他了，已经对他心存不满了。

没过几天，更倒霉的事情出现了。上司带着张晓亮一起陪着客户吃饭，副总也在。张晓亮觉得上次的事情搞得很不愉快，就想借此机会跟副总搞好关系。可是，整个过程中，他几乎没有任何表现，只是在内心进行了无数次的犹豫挣扎。

在去酒店的路上，上司和副总仍然在谈公司的事情。他想，公司的事情，我这个新人不好插嘴，还是保持沉默的好。其间，副总咳嗽了一阵，他很想趁机问问，副总你是身体不舒服吗？但是这个念头刚冒出，他就觉得害臊，脑子里立刻冒出了“谄媚”这个词，便继续保持沉默。

这时，他的上司倒是关切地问了一句：“最近身体不好？”副总叹了口气说，老毛病了，一到秋天就犯。于是，他们又聊到了生活。

中间，张晓亮几次想参与到话题中，但又觉得，人家关系不错才谈这么亲近的话题，你一个新来的员工有什么资格参与进来？搞得好像隔着自己的上司巴结副总一样。所以，整个途中，他一直都在保持沉默。

吃饭的时候，张晓亮显得有些不知所措了。他认为自己地位低下，在敬酒这种场面上的事情更应该沉默。在与对方公司交流这种事情上，他更是不知道从何说起，他的主管事先也没有对他交代过。

后来，主管要他表现一下新人的风范，去给对方的副总敬杯酒。他却说，自己不会喝酒，敬果汁可以吗？原本轻松、愉快的吃饭气氛顿时消失了……

不难看出，张晓亮的心态波动、犹豫不决，其实是被有形的、无形的许多看法所左右了。比如，同事们的以及主管副总的，社会道德的身份观念等也深深影响着他。过于看重别人的想法，最终导致他所做的事情，反倒不是自己真正想做的。

别苛求自己，你不可能让所有人都满意。若是总在意别人的看法，而畏首畏尾，深深自责，最后受伤害的还是自己。一个人要想主宰自己的人生，就要坚持走自己的路，做自己的事，而不要活在别人的看法中。这就需要我们培养自信，克服对别人的恐惧。

（1）从思想上适当地抬高自己，并适当地评价别人，即对人对己的看法要保持平衡。在与其他人相处时，你要告诉自己，每一个人都是重要的角色，你要尊重别人；自己也很重要，你更要尊重自己。

（2）在与人交往时，可以通过改变自己的言行举止来改变自己的心态。比如，当我们昂首挺胸时，就会彰显出成竹在胸的自信。反之，当我们含胸哈腰，一脸苦相时，就会底气不足，缺乏生趣。

当与陌生人相遇，做自我介绍时，可以同时采用下列行动：首先，伸出双手，热情地握住对方的手；其次，正视对方的眼睛，伴以友好的真诚；同时笑着说：“见到你很高兴！”这样，你会发现：你的热情感染了别人，你的大方取代了害羞，你的自信代替了自卑，你的勇气代替了胆怯！

（3）学会正视自己。金无足赤，人无完人，我们既不可盲目拔高别人，使自己匍匐在地，也不可无端贬低别人，使自己高高在上。对人对己，在人格上保持平等，既不崇拜任何人，也不鄙视任何人。在人际交往中，真正做到从容自若、游刃有余。

别苛求自己，每个人都以自己独特的生活方式存在于纷繁复杂、气象万千的人类社会。不必为了别人的观点而影响自己的情绪，更不必为了别人的看法而改变自己的言行。培养起自信，活出自己的本色。记住但丁的名言："走自己的路，让别人去说吧。"

凡事要看透，拿得起更要放得下

人们常说：凡事要看透，不仅要拿得起，更要放得下。"何谓"拿得起"？简单来说，就是两个字："有为"，这不仅是一种积极的人生态度，更是一种能力。工作中，样样事情拿得起，一定是受领导重视、被同事尊重的骨干；家庭中，样样事情拿得起，一定是全家人的顶梁柱；社交中，样样事情拿得起，一定是朋友们的主心骨。

但是，人生中光拿得起还不行，还要能放得下。就像人们举重一样，不仅要将杠铃拿起来，还要能安全地放下去，这才是成功。人生也同样如此。如果说，拿得起是一种勇气和毅力，那么，放得下便是一种胸怀和肚量。毕竟人是有思想、有欲望的动物，几乎每个人内心深处都有一种"得到越多越好"的意念，拿得起好说，要放得下，谈何容易？

生活中，多数人都认为，人生最大的成就感就是不断地拿到自己想得到的。尤其是对各种名缰利锁，死死抓住不放，顶着来自四面八方的压力，思想包袱越来越重，脚步越来越沉。

对功名利禄放不下，出现了跑官、买官、贪官；对金钱富贵放不下，催生了贪污、受贿、盗窃；对爱情婚姻放不下，产生了痴男、怨女、殉情。

殊不知，学会放下，才能使负重的人生得到暂时的休息，才能摆脱烦恼和纠缠。佛经上说："如何向上，唯有放下。"学不会放手，只知道紧紧攥着拳头，很可能最后一无所有，而懂得放手、放下，你才能拥有更多。

在这个世界上，为什么有的人活得轻松幸福，而有的人却活得沉重痛苦？因为前者拿得起，放得下；而后者拿得起，却放不下。

我国最早的特型演员王铁成老师便是一位拿得起，放得下的人。

1977年，王铁成老师在中国话剧团排演的话剧《转折》中饰演周恩来，这是我国舞台上第一次出现周恩来的形象。1978年，故事片《大河奔流》开拍，应著名导演谢铁骊邀请，王铁成在影片《大河奔流》中饰演周恩来，这是他首次在银幕上塑造周总理的形象，成了我国最早的特型演员。

王铁成老师扮演的周恩来真切感人，深得观众喜爱，正是由于他在影片《周恩来》中的出色表演，使他于1992年获得了电影金鸡奖最佳男演员奖和"大众电影"百花奖最佳男演员奖。虽然王铁成除了扮演周恩来，没有扮演过任何其他角色，但他扮演的周恩来是最受大众认可的，迄今无人超越。

1987年时，51岁的王铁成做出了一个常人难以理解的选择——放弃艺术生涯，去香港打工。因为他有一个先天痴呆的儿子，虽已过而立之年，生活仍不能自理。王铁成在努力挣钱的同时，还得日夜料理儿子的衣食起居，以确保儿子可以健康地活着。

试想，这对一个人来说是多么沉重的打击和考验啊！但王铁成是一个凡事都能看透的人，他常说："人，要学会找乐子，要拿得起，放得下。凡事不要怨天尤人，不要埋怨生活，而要在自己的主观境界上提高。"

当谈到他的智障儿子时，他满脸的喜悦，没有一丝的不快与伤感。

他说：“我儿子听话，从小到大未给我惹过事，使我们省了不少心。痴呆儿子也有他的好，他没有正常人那么多烦心事。闲暇时候，牵儿子逛逛、玩玩、聊聊天……我们经常自寻乐子，一家人生活得好不惬意！”

按说，王铁成这个年纪是该享清福了，可他非但得不到儿子的任何回报，还要放弃自己的艺术生涯，边打工边照料儿子。即便如此，他仍乐观地面对生活，拿得起，放得下，从不怨天尤人。

生活中，那些被各种琐事困扰的人几乎都是学不会放下的人。多数人都认为，人生最大的成就感就是不断地拿到自己想得到的；但实际恰恰相反，“放得下”才能使人生更完美。尤其是对各种名缰利锁，若死死抓住不放，思想包袱就会越来越重，私心杂念就会越来越多，脚步就会越来越沉。最终，在机遇和挑战面前，就无法产生积极向上、锐意进取、奋发有为、开拓创新的朝气，也不可能挣脱前进道路上的各种羁绊。

法国哲学家、思想家蒙田说过：今天的放弃，正是为了明天的得到。意在告诉人们，要拿得起，也要放得下。拿得起是生存，放得下是生活；拿得起是能力，放得下是智慧。有的人拿不起，也就无所谓放下；有的人拿得起，却放不下。拿不起，就会庸庸碌碌；放不下，就会疲惫不堪。人生路上，只有放下那些无谓的负担，才能一路潇洒前行。

拿得起是生存，放得下是生活；拿得起是能力，放得下是智慧。人生其实就是一个不断拿起与放下的过程，不放下昔日的名缰利锁，就永远也无法尝试新的快乐；不埋葬旧的记忆，就无法面对新的开始。

甩开一切束缚，学过减法人生

有位哲人说：“人生如车，其载重量有限，超负荷运行会促使人生走向其反面。”人的生命有限，而欲望无限。如此看来，学会辩证看待人生、看待得失是十分必要的。有时，我们也应用减法减去人生过重的负担，否则，负担太重，人生不堪重负，结果往往事与愿违。

有一本书已经给过我们这样的启示，那就是海伦·凯勒的自传《假如给我三天光明》，人们都会选择做最关键、最紧要的几件事，甚至只有一件事。那些平时在脑海中盘旋的杂念瞬间被理智抽走，只有那最重要的事情能牵动你的情绪。其实，在我们做出选择的时候就知道了人生的真谛。实质就是要抛开束缚，过减法人生。学会做减法，就是在延展人生的厚度和高度。

现实中的人们一直在做加法，对权力的渴望，对金钱的贪念，对成功的迫切使得人们对自己设置了很多的标准和束缚。人生就像一个容器，里面添加了各种庞杂的事物，有的必不可少，但更多的是多余的东西，为了人们的虚荣和所谓的“面子”，将自己折磨得痛苦不堪，在真正的成功到来时却无处安放了，人们又悔过不已。

舍得舍得，有舍才有得，大家都善于做加法而不会做减法，在多数情况下人们面对放弃都犹豫不决，难以抉择。人要学会成长就必须当舍则舍，当断则断，脱掉厚重的行囊轻装上阵。要丢掉束缚，过减法人生，以一种平和的心态面对生活，不以物喜，不以己悲，不做世间功名利禄的奴隶，也不为凡尘中的各种烦恼所左右，提升自己人生的高度。过减法人生才能在当今社会的各种物欲和令人眼花缭乱的世相百态面前神凝气静，执着追求自己的人生目标。过减法人生才能抛开一切名缰利锁的束缚，使人性回归到本真状态，从而获得心灵的自由。

有这样一位年轻人，硕士学位，在单位里也算得上中高等了，但在事业上总是闷闷不乐，他听说某个寺庙里有位德高望重的老禅师，便去拜访，请求指点迷津。

这天，老禅师的徒弟接待了这位年轻人，但这位小徒弟态度一点也不好，使他很生气，嘴里嘀咕着：“你不就是一个小徒弟，也没什么本事，我一个硕士出身，你算老几，凭什么这样对我。”

后来，这位年轻人见到老禅师后，便滔滔不绝地高谈阔论，然后提出了自己在事业上的疑惑：“我一直在努力，从没放松过对业务的钻研啊！而且我的学历比其他同事们都高啊，他们连个学位也没有。最后他们反而得到老总的重用了，而我却不行，这一直困扰着我，大师，您说这是为什么呢？”

这时，老禅师十分恭敬地接待了他，一言不发，并为他沏茶，这使年轻人更为不解。后来在倒水时，明明杯子已经满了，可老禅师似乎还没有停止倒水的意思，还是不停地倒。

“大师，大师，杯子已经满了！”年轻人慌忙提醒老禅师，而老禅师好像没听见他说话，还在一个劲儿地往杯子里倒着开水。

年轻人坐不住了，不解地问：“大师，为什么杯子已经满了，还要往里倒？难道您没看见茶水溢出了杯子，并顺着桌子流淌开来，然后滴下桌沿吗？”

老禅师笑了笑，依然沉默，还是没有停止手里的动作，年轻人愁眉深锁地不知所措。他一把端起那杯茶，“哗”地泼向了门外。并大声地向老禅师说：“大师，已经满了，还倒什么呢？”

接着老禅师又把茶水倒满，并说：“是啊，既然已满了，干吗还倒呢？一个有很多想法的人就如同满了水的杯子，怎么有空间来接受别人的想法呢？”

这位年轻人似有所悟，便把杯子里的茶一口喝干。

老禅师还是把年轻人的茶杯满上，问：“你会喝茶吗？”

年轻人回答说：“不会。”

“那就先学喝茶吧。”老禅师笑了笑。

年轻人对老禅师的话非常不解，问道：“大师，喝茶还要学吗？”

老禅师指着这个杯子：“你的心就像这个杯子一样，已经被装得满满当当的了，不把茶喝掉，不把杯子倒空，如何装得下别的东西呢？”

于是，年轻人终于明白此中禅意，恍然大悟，惊喜地叫了声："我明白了！"然后向老禅师深深鞠了一躬，转身而返。

如果他想得到更多的学问,必须有一个好心态,首先把自己想象成"一个空着的杯子"，而不是骄傲自满。只有这样才能用"减法"去迎接人生新的可能，并不断装下新的欢喜与感动。

给人生做减法，给阳光的记忆留点空间。想想什么才是人生的终极意义，对于你来说什么才是你魂牵梦绕的理想之地。过减法人生能让我们悟透人生的内涵，正确看待人生的进退取舍。凡事都要有一个度，过分痴迷，过分追求往往会适得其反。懂得运用人生的减法，张弛有度才是大智慧。

别再为琐碎的人和事抓狂

生活和工作当中，有太多的人将时间和精力浪费在琐碎的小事和人上面，导致自己无法完成那些重要的事情。当然，生活和工作中，我们会遇到做不完的事情，但是这些事情并不是同等重要，如果无法分清事情的轻重缓急，无法专注于那些重要的事情，而是"眉毛胡子一把抓"，做起事情来只能是事倍功半。

现实当中我们经常能看到一些人为了琐碎的事情抓狂，其实这些事情本身并不严重，只是他们没有控制住自己的情绪，钻进了牛角尖，自己将事件的严重性放大了而已。相信有车一族都有过这样的体验，在路上堵车的时候内心会变得焦躁不安，而且堵车的时间越长内心也就越发愤怒。在这种时候言语会变得粗鲁起来，而且还会不停地鸣笛来发泄心中的怒火。

其实堵车每天都会发生，对此应该习以为常，可是我们却始终对堵车无法释怀。有的时候仅仅是因为早上堵车，却在一整天里都无法集中精力工作，而且还会把这件事情不断放大，向周围的人抱怨堵车、抱怨其他车主没有素质，就是不肯把这件事放下。

不被琐碎的事和人牵绊，才能集中精力处理那些重要的事情，工作效率也才能提高。国外有一项调查发现，在我们处理事情的时候，如果被琐碎的事和人干扰的话，处理一件事情花费的时间要比没有琐碎的事和人干扰的情况下多一倍。

试想一下，如果你是一名策划人员，在完成策划案的时候，你脑子里却想着：下班之后是去看电影还是直接回家；上周从小李那借的书看完了，应该抽时间还给他了；手机话费也快用完了，得赶快充值……然后到了下班的时间，可是你的策划案却没有丝毫进展。这样的员工，其工作效率可想而知。

稍微观察一下，就不难发现，这样的琐事时时刻刻在缠绕着我们。像是排队购买东西，受到不公正的待遇，各种琐碎的工作被分配给我们。面对这些琐碎的事情，有些人为这些小事而抓狂，浪费了过多的精力，结果无法专注于那些重要的工作。但是当我们学会不为这些小事抓狂，而是专注于重要的事情时，你会发觉自己的时间会变得很充足。

小蕊是一家公司的财务人员，也是一个每天都被众多琐事困扰的员工。虽然每天要处理大量的报表，但是她的“工作”却不止如此。她的办公桌和电脑里不光有工作报表，还有很多淘宝网页，以及因为货品的问题与卖家讨价还价的对话框；在与上司打招呼的时候，她也会为自己打招呼是否自然而感到懊恼；她也会因为同事间一句无意的玩笑话而纠结，甚至一再猜想是否是自己做的什么事情让同事感到不满意，她自己还为这些小事设计无数场景，就像是一部电视剧的编剧一样，在自己的脑海里幻想一些片段。

这些琐事让小蕊不停地抱怨，不停地向周围的同事诉苦，向他们诉说自己每天有多忙。虽然小蕊的这些“工作”每天都会消耗掉她大量的时间和精力，但是报表却经常被她遗忘在角落里。

其实在生活和工作当中，让我们纠结的事情大多数都是小事。很多人因为小事让自己被负面情绪左右，他们生气、懊悔、多疑，为此让自己失去快乐，耽误工作。其实细想一下，这些只不过是一些“鸡毛蒜皮”的小事，根本不值得为此付出过多的精力。所以，遇到琐碎的事和人的时候应该把自己的心胸打开，不被这些事情和人牵绊，你就会发现自己的目标非常清晰。

不被琐事绊住脚步，就要学会过滤无关紧要的小事，对影响自己情绪的琐事做到“视而不见”。琐碎的小事就像是树木的旁枝末节，它们的存在会极大地影响树木的生长，要想让树木能够成长为参天大树，就要把这些多余的枝节剪掉。人生也是如此，要想让自己能够有所成就，就不能被琐碎的事情牵绊住过多的精力。

生活和工作当中琐碎的小事和人特别多，但是我们的时间和精力却非常有限，而且我们还有很多重要的事情需要处理。所以，有限的时间和精力根本无法支撑我们为一些小事和人来抓狂。放下那些琐碎的事和人，专注于那些重要的事情，你的工作效率会大大提高，而且你会发现生活也很精彩。

第十章

修炼高情商，世界更偏爱有力量的人

情商，是指一种发掘情感潜能，运用情感能力影响各个层面和人生未来的品质。情商的内涵十分丰富，概括起来其实就是两种能力：一种是对内与自己打交道的能力，另一种是对外与别人打交道的能力。与自己打交道要做到自我觉察，自我管理；与别人打交道要做到洞察人性，影响他人。可见，人性洞察力是与别人打交道的前提，是建立良好的人际互动关系的基础，是情商修炼的基本功之一。

驱除恐惧，让你的精神世界强大

一个正常的人，面对未知，都会有无力的恐惧感，这并非不可思议。人性的构成是十分复杂的，会随着环境以及个人经历的变化等，出现各种各样的问题。这些问题无一例外都会困扰我们，让人茫然不知所措。

著名作家海明威曾经说过：“人生来就不是被打败的，人能够被毁灭，但不会被打败。”这也正是人性的光辉之美。纵然我们会遭遇对未知的恐惧，纵然我们会在退缩和战斗之间苦苦煎熬，但最终都是为了灵魂上的完善。一个人唯有战胜自己的内心，才能战胜无数的困难，求得内心的宁静。

无论你有怎样的背景，人生经历是坎坷还是顺利，对未知的恐惧都如同毒蛇一般时时刻刻撕咬着我们的灵魂。根植于人性深处的思想便是引发内心恐惧的最原始动力。人不同于动物，我们有着对未来的期盼，有着掌控未知的野心，然而不管人类的文明和科技如何发展，在造物主的眼中，每个人始终只是沧海一粟。在自然界以及未知面前的渺小，正是一切恐惧的根源。

大卫和朋友们一起报考了驾照考试，在此之前，他对驾驶几乎一无所知，为了能够顺利拿到执照，他跟随教练足足学了两个月。眼看考试就要到来了，大卫却出现了非常严重的焦虑，他担心自己无法通过考试，担心考试的时候车子会出问题，害怕打错方向盘。

对未知的恐惧好比种子一样紧紧扎在人性的土壤之中，不管身处何地，也不论是否有虔诚信仰，这种恐惧都是无可避免的，是每个人都必须经历的人生课堂。大卫的恐惧感来源于潜意识里积累已久的负面思想。考试越来越近，他的这种恐惧感也日益严重。考试真的没有那么可怕，即便是无法通过，还有很多重来的机会，但不管大卫如何安慰自己，他都很难让自己的心情平静下来，连睡眠和食欲都受到了影响。实际上，这种担心完全是没必要的。

打垮一个人的往往不是残酷的现实，而是对未来的绝望。大卫深深明白，如果自己不能战胜内心的恐惧魔鬼，那么，这次考试很有可能会以失败而告终。对于大卫来说，他所恐惧的是万一车速太快怎么办，万一撞杆怎么办，会不会熄火呢？考试的时候，会不会大脑一片空白，会不会关键时刻出错……正是这无数担心把大卫的自信打击得溃不成军。

从心理学上来讲，当一个人面对超出自己预期或者不能掌握的事物时，往往会生出一种无力感，进而产生恐惧。在现实生活中，我们对未知的恐惧来自各个方面，比如，担心会不会突然发生地震，害怕雷雨天闪电会落到自己身边，除了这些来自自然界的恐惧外，我们身处陌生的地点，或面对陌生的工作或人时，也会有这种来自不确定性的恐惧。

在恐惧的支配下，我们会丧失原本的进取动力，会变得胆怯起来，不管是对于我们的事业发展还是对于我们的心理健康，都是十分不利的。既然上帝创造了不完美的人性，我们就要想办法克服并弥补自身人性上的缺陷和不足。

实际上，这并不是一个多么高深的问题，现实生活中，我们几乎每天都在和这种对未知的恐惧情绪做斗争，每天都在不断地完善自己、挑战自己，并让自己的灵魂得到更多的情感经验。

作为一名虔诚的基督徒，大卫借助自己的信仰来面对恐惧。除了考试前的各种准备外，大卫每天都会祷告，耶稣的精神启蒙让他与内心的魔鬼不断斗争，并最终获得了胜利。当听到车上“考试合格请下车”的电子声音后，大卫真真切切体会到了“速度慢下来，没有什么不可以”的深刻哲理。

其实，人对未知的恐惧不仅仅体现在考试方面，面对人生中的重要选择、不同的年龄阶段、挑战性的工作等，我们都会恐惧。不同的人，有着不同的人生经历，每个人所恐惧的事情也有所不同，但无一例外，我们的人性都是有缺陷的，而这些缺陷正是需要我们通过个人努力去修补的。

那么，具体来说，被恐惧困扰的时候，该如何降服无处不在的内心魔鬼呢？首先要判定恐惧源。一般来说，人们对未知的恐惧一旦反映到生活中，就会更加复杂化。面对复杂的情况和环境，首先要做的就是找到恐惧源。比如，对新工作感到恐惧，那么就要仔细想一想，是因为能力不足以胜任工作，还是工作环境的转变令我们感到不安？只有清楚地判定了恐惧源，才能对症下药，克服这种心理上的恐惧。

其次，磨炼自己的勇气。一个懦弱的人，即使明明知己知彼，也很难大获全胜，这就存在一个勇气的问题。克服对未知的恐惧，需要莫大的勇气，我们需要直面自己人性上的缺陷，必须得从心底承认自己是个胆小鬼，唯有坦诚地接受了这样的事情，才能去改变现状。如果缺乏勇气，自欺欺人，到最后也只会像掩耳盗铃故事的主人公一样被人贻笑大方。

最后要注意的是，要想克服对未知的恐惧，没有合适的方法也是很难成功的。我们不妨采用心理暗示以及松弛训练来进行克服。具体来说，可以把引起自己恐惧的事物由轻到重进行排列，并写在卡片上，然后安静地坐好，进行几次深呼吸，尽量放松，让自己进入松弛状态。最后拿出卡片，一张一张地进行冥想，感觉不安就反复想，反复训练，直到不再害怕恐惧为止。当然，还可以采取其他合理有效的训练方法。

我们面对生活、工作的不自信，很大程度上正是来源于这种胆怯心理。一个人如何看待这个世界，并不取决于这个世界的模样，而是取决于自己的内心。可怕的不是未知，而是自己面对未知的态度。唯有改变自己，才能克服恐惧，才能用自身的努力把内心的恐惧赶走，从而活出坦然的人生。

克服心理恐惧的过程实际上就是改变自己的过程,这是人性的完善,更是灵魂的净化。心灵上的改变，需要自己努力，因为没有人比我们自己更了解自己。在改变自己的过程中，心理暗示尤为重要，普通的独木桥，大部分人都能顺利通过，而把桥抬高100英尺（一英尺约0.3米），我们的潜意识就会想象出很多掉下桥的假设，唯有克服了潜意识里的假设与恐惧，才能真正战胜自己，才能在未知面前抬起自信的头颅。

从自卑的阴影中走出来

在人生的舞台上，不可能事事如意、一帆风顺，当遇到了意想不到的坎坷与挫折的时候，一些人总是躲到无人的角落，暗自垂泪，这是一种自卑的表现。自卑者与自信者不同，自信的人无论遇到什么困难，都会相信自己的能力，努力使自己摆脱磨难的困扰；而自卑者会下意识地认为自己没有克服困难的能力，只能坐在黑暗之中，看舞台上的表演。

自卑的人一遇到不如意的事,眼里就只有阴霾,看不见光明与美景,无形之中就给心灵加上了一把锁，将自己囚禁起来，甚至置于忧郁的苦水中，从而与成功失之交臂。产生这种心理体验，往往是与当事人的某些生理缺陷或心理缺陷有关，或者近期遇到了挫折。这种自卑的状态如果不能改变，会严重阻碍一个人走向群体，与其他人顺利交往。

对于自卑产生的原因，心理学上这样解释，一个人由于缺乏成功的经验，缺乏客观的期望和评价，同时消极的自我暗示又抑制了自信心，加上生理或心理上的缺陷、恶劣的生活境遇等，因此变得不自信。自卑者经常感到郁闷、忧愁、悲观、孤僻等,自卑是一种极不健康的心理状态,会对个人生活产生极其消极的影响。

自卑不仅会影响一个人的身心健康，而且对自卑者生活的方方面面都有不同程度的影响。一旦自卑心理形成，不仅会严重妨碍其社交生活，让他感到孤独、脱离社会，还会让他对人生失去信心，进而阻碍他各方面能力的发挥。尤其在大庭广众之下，他的某种缺陷暴露无遗，被周围的人嘲笑或是侮辱，这种自卑心理会大大增强。也许他会采取极端的方式来保护自己，甚至暴怒并威胁他人，这对所有人都是一种危害。

在美国，有一个很不幸的小男孩。早年，他的妈妈因为得了不治之症没钱医治永远地离开了人世，而他的爸爸又在一次车祸中去世了。这个小男孩不得已只能寄居在外祖母家，然而那里生活条件很差。为了挣钱生活，他们不断地搬家，这个小男孩也就跟着换了很多所学校。

由于每天要帮助外祖母干活，男孩没有时间学习，他的成绩十分糟糕，每次考试都不及格。为此，班上的同学都嘲笑他，说他是个傻瓜，谁都不愿意跟这样的傻瓜在一起玩。渐渐地，男孩越来越自卑，不再主动跟同学们说话，完全脱离了群体。

其实，他很想与人交朋友，但自卑的心态让他没有勇气那样做。他也知道只要自己学习好了，别人就不会再嘲笑自己了，谁知，不论自己怎么努力，他的成绩总是排在最后。最后，他彻底泄气了，也坚决放弃了。这个男孩在这种自卑的生活中坚持到了中学毕业，他的成绩根本无法继续把书读下去。

在学校举行毕业典礼这天，心情极度郁闷的男孩不想去那个监狱似的学校，走着走着来到了一个公园。他看到远处有几个小朋友正在玩高尔夫球，从没有见过这种东西，强烈的好奇心驱使他走过去，请求小朋友们让他加入。结果，从未打过高尔夫的他竟然连续十杆都打进了洞里，把旁边的小朋友们都看呆了，随即小朋友们为他欢呼起来，纷纷围住他向他请教进洞的秘诀。这让男孩大受鼓舞，之后他激动地跑回家告诉了外祖母。

慈爱的外祖母夸赞并鼓励他把这项天赋利用起来，于是带他到佛罗里达州一个职业中学报了名。自从进了学校进行高尔夫专项训练，这个男孩总是加倍地努力，希望可以得到别人的认同，再加上外祖母的期望与鼓励，男孩渐渐克服了自卑，走出了自己深陷的泥潭，终于在2000年佛罗里达州的职业比赛中一举成名。

故事中的这个小男孩就是美国最著名的高尔夫球星——吉姆·福瑞克。在一次采访中，吉姆·福瑞克说："没有任何一种成功是可以必然实现的，但是只要你相信自己，敢于放弃你不能的，敢于去坚持你所选择的，成功就会逐渐靠近你。"

从福瑞克的故事中可以看出，自卑是一种消极的自我评价或自我意识。一个自卑的人常常会过低评价自己的形象、能力和品质，总是拿自己的弱点和别人的强处比，觉得自己事事不如人，在人前自惭形秽，从而丧失自信，悲观失望，不思进取，甚至沉沦。既然自卑的危害如此之大，那么就要想办法加以克服。

首先，必须正确审视自己。人只有正确客观地认识了自己，才能愉快地接纳自己。在认识自己的过程中，我们要从细节等各个方面全面地进行自我评价，要有接受自己缺点的勇气，不能排斥自己、欺骗自己、拒绝自己，更不能怨恨自己。

其次，把自己身上的优点放大。"尺有所短，寸有所长"，每个人身上都有闪光点，你要善于发现自己的优点和天赋，如果你把注意力集中在自己的优点上，多做自己最擅长的事情，发挥所长，自然会有出色的表现。

最后，要经常进行自我欣赏和自我鼓励。可以回想一下自己的辉煌历史，你会发现原来自己这么优秀，这样你的自信心就会增强，办事能力也会胜人一筹。

总之，任何理由都有可能造成人们自卑，平凡弱小固然令人痛苦，但不是每个平凡的人都会孤独、愁苦，只有那些有着严重自卑心理的人，才会在自己的周围竖起一道道坚实的墙壁，把人拒之墙外，把自己关在墙内，一事无成。所以别让灾难和挫折把你打败，勇敢地从自卑的阴影中走出来，抛弃自卑，自信一点，才能笑对人生，笑对生活。

要想事儿顺，先得气儿顺

日常生活中，与人打交道的时候难免发生口舌之争。这是因为，每个人的想法不一样，利益诉求不同，所以总会出现这样那样的矛盾。对此，聪明的人会先把闷气顺下去，凡事以和为贵，避免和人发生争论，从而赢得别人的好感，把该办的事情办好。

想把事情办得妥妥当当，离不开当事人良好的心境。首先，必须和和气气，因为要想事儿顺，先得气儿顺。在办事的过程中，有损别人面子的事情一定不要做，有损别人面子的话一定不要说，这样，就会收获更多的朋友，给事情增添更多的人气，那么事情就好办了。相反，如果不给别人面子，得理不饶人，为一件小事大动肝火，就会让人觉得不可靠，自然事情就没那么好办了，最终只能品尝自己酿造的苦果。

在人际交往中，无论你跟谁共事，要想创造辉煌业绩，首要条件是双方把气儿理顺了，然后才能默契配合，合作努力。所以，你必须严于律己，热情待人，努力营造愉快祥和的气氛。要知道，掌握与人和平共处的技巧，是日后事业成功的关键。

人与人之间的交往其实是一个互动的过程，所以我们尊重、友善、和气的态度也都是一个互相促进的过程。工作以及生活中短暂的瓶颈和困难，需要理性应对。凡事想到别人的好处，看到他人的友善，你会发现生活到处充满了欢歌笑语、鸟语花香。而对那些阻碍我们办事的人，要用一颗宽广的心去包容他们，想想他们的好，先把气儿消了，才能冷静地分析出事情存在的问题。

而这样一个乐观开朗、积极向上、以宽待人的人，就像是一块散发着吸引力的磁铁一样，让别人在不自觉中向他靠近。相反，一个脾气恶劣、喜怒无常、暴躁狂妄的人，就像一只长满刺的刺猬一样，让人唯恐避之不及。其实，在办事的时候，这两种性格的人会表现出截然不同的效率。和气的人不仅能把事情办好，还有可能会有意外收获。

今天，美国著名的杂志 MONEY 可谓风靡全球，而在它的幕后是位宽容大气的女发行人——蓓西·马丁，她总揽杂志的发行、公关与广告事务。当然，这一切的成绩都是她努力拼搏得来的。

多年以前，公司刚刚把业务推广到新英格兰地区，便派蓓西·马丁一个人去运营，于是她成了那里唯一的业务员。有一天下班的时间快到了，蓓西正在收拾东西，这时电话铃响了。她拿起电话，原来是广告代理商富兰克林的电话，那位广告代理商是马丁最大的客户——富达投资公司的代理人。蓓西还在纳闷，这时候富兰克林先生有什么事情，结果还没等说话，富兰克林就在电话那头大发雷霆，大骂一通。原来，蓓西把一张重要发票上的某一个重要项目填错了。

蓓西知道自己理亏，便想着缓解矛盾的方法，她对富兰克林先生说："很抱歉先生，我没听清楚您在说什么，我会好好查一查这边的资料，明天早上就给您回复好吗？"可是这样的解释对富兰克林先生没有一点作用，富兰克林先生还是不停地咒骂，非要蓓西把事情说清楚。蓓西看在他是新英格兰最大客户的分上，只好忍着听，可是，富兰克林越骂越上瘾，丝毫没有要停的意思。蓓西再也忍受不了了，对富兰克林说："您再骂下去，我也忍受不了了，就算是我的问题，但您这种状态我们实在没法交谈！"可是就算蓓西这样说了，还是没起到任何作用。最后，蓓西终于找了个话缝说："如果你想骂我，当面骂我一顿不是更解气吗？

我离你那里也不远，我现在就过去，好吗？”

“算了，我很忙，没工夫理你。”说完，他就挂断了电话。当天晚上，蓓西也顾不得吃饭了，把所有相关的资料查看了一遍，做好一切准备，决定不请自去，和富兰克林先生面谈一下。蓓西认为，这样可以表现出自己解决问题的诚意，改变自己处于被动的地位。另外，电话里骂人的话在见面时一般都说不出口，况且还是一个年纪轻轻的女孩子，一般会容易让人原谅的。

不出蓓西的料想，富兰克林先生对她的到来感到很惊讶，怒气也渐渐降下去了，他以最快的速度调整好自己，开始与蓓西分析问题的所在。之后，富兰克林越来越佩服这位勇敢温和的女孩，最终他们成了很好的朋友，蓓西在事业上也多次获得富兰克林先生的指导和帮助。

其实，在日常工作中，难免会有些失误，让老板或客户不满意。出了问题就要解决，但首先该解决的是人的心情问题。出了事谁的心情都不会很好，所以首先要调整心态，把气儿给理顺了。自己只要放宽心一般能把自己的怒气降下去，如果是对方气不顺的话，你就要迅速采取有效行动，把他的心情理解透了，让他“气儿顺了”，什么都好商量。这样做会给对方留下很好的印象，最后还有可能成为很好的朋友。

对于一些矛盾争执，并不是不可调和，是因为很多人都习惯用自己的气场压过对方，在唇枪舌剑中争个你死我活，据理力争地证明自己是对的，别人是错的。越是气急败坏，事态的发展就越糟糕。所以，在我们不得不面对别人的暴怒和生活的不如意的时候，要以和为贵，不要逞一时之气，落井下石，将别人批斗得一无是处。生活是一个圈，没有人能一帆风顺，说不定哪天有什么事要用到对方。很多经验教训告诉我们，想要有效且及时地解决问题，就必须做到心平气和，只有气儿顺了，事儿才能顺。

学会自我激励，做自己命运的主人

人活在世上，总会存在着一些简单而美好的愿望，希望自己能够考上理想的大学，希望能在工作中有出色的表现，希望能收获美好的爱情，希望家人身体健康，希望人生没有遗憾……但是愿望只是愿望，生活之路不可能那么平坦，总会遇到一些磨难和不顺心的事情，让我们备感烦恼和压力。然而，只要我们在这些遭遇和困苦面前，怀有自我激励的心，不断地鼓励自己，就一定能够克服困难，把握自己的命运。

对于同样的困难，有的人克服并成功了，而有的人却退却失败了，这与他们的心态有很大关系。失败者常常把困难放大，并波及周围的事物，一味地哀叹抱怨。正是这种无谓的指责和消极的念头捆绑了手脚，让他们无力去想办法挣脱枷锁，让事情越来越糟糕，最后只能听天由命。而那些成功者，在感到困惑烦恼时，会进行自我激励，主动地思考如何改变被动的地位。在这些人眼中，自己的命运掌握在自己手里，只要不放弃，继续努力，那么自己一定能够成功。他们会用“情绪吸尘器”清除掉自己的烦恼念头或悲观情绪，设法在不利环境中发掘出积极因素来。

事实上，很多时候，人们都在积极和消极的态度之间徘徊，这也是走向成功与失败的岔路口。你可以战斗也可以撤退，你可以去征服也可以去投降，你可以积极面对也可以选择逃避。但是，如果你想掌握自己的命运，就必须相信自己，激励自己，提取自身积极的力量去克服挡在你面前的所有困难。

在我们受到现实打击而沮丧的时候，应该看看天空，把困难想象成一片乌云，给自己打气，坚信一切阴霾都会成为过去，阳光会重新照耀大地。心里想通了，身上也就轻松了，所以当背负着太多压力的时候，应当激励自己，将压力变成动力，用微笑来面对生活中的艰难险阻，终有一天你会成为自己命运的主人。

国际巨星史泰龙的成功就缘于他的自我激励，不论遇到什么样的打击，他都能够坚信自己，把握住生命的脉搏。史泰龙的出身相当不好，父亲整日赌博，而母亲又是个酒鬼，在这样的家庭环境下，史泰龙很早就辍学当起了街头混混。突然有一天，他的脑中冒出了这样一个声音："你要这样过一辈子吗？你要像你的父母一样成为一无是处的人吗？"史泰龙猛然一怔，幡然醒悟，是的，他不能成为那样的人，这样的生命存在是毫无意义的。他要成功，一定要成功！

于是，他下定决心寻找自己的人生定位。但是从哪里起步呢？他最先想到了去企业发展，可是一般的企业门槛都很高，学历文凭就把史泰龙远远地拒之门外。后来他想到了经商，可是自己没有人脉没有资金，生意也无法做起来。最后他想到了当演员，因为演员不看出身，不看学历，也不需要资金，而且一旦成功，就能名利双收。可是当演员需要精湛的演技，而且对相貌也有一定的要求。但无门槛的诱惑使史泰龙专注于此，他不断鼓励自己，要努力学习演技，一定要在这条道路上走出辉煌来。

目标定好了，史泰龙开始到好莱坞找明星、找导演，希望能获得一次当演员的机会。可是，没人引见、没有经验的他一次一次被拒绝。可这并没有打击掉史泰龙的信心，每当别人拒绝他一次，史泰龙都会拿笔记下失败的原因，然后深刻地反省自己，检讨自己。就这样，两年过去了，在这期间他遭到无数次拒绝，但还是没有进入到演员的行列。

史泰龙感到十分痛苦和失望，甚至想过要放弃，可是这种想法马上被否定了，他要证明自己。最后他想到了一个办法，既然不能直接当演员，他可以先写剧本，如果剧本被导演选中的话，可以要求当演员，可谓双管齐下。而现在的他，经过多年的影视圈生活也对剧本不再陌生了。经过很长时间的酝酿写作，剧本终于完成了，他又拿着剧本去找各个导演。许多导演看过剧本之后，都认为还不错，可是当史泰龙提出要当男主角时，导演们纷纷摇头。史泰龙并没有气馁妥协，他不断地对自己说：“我一定要成功，也许下次就行！”

功夫不负有心人，就在他一共遭到1300多次拒绝后的一天，一个曾拒绝过他20多次的导演被他坚韧的精神感动了，答应给他一次机会，先让他演一集试试。史泰龙高兴地跳起来，为了这一刻，他已经做足了准备。结果可想而知，这一集创下了当时全美最高收视纪录——他成功了！

从史泰龙的身上，我们可以看出，贫穷、痛苦并不是成功路上不可克服的苦难。有时候，正是这些苦难刺激着我们，鼓励着我们去拼搏，去奋进。它们锻炼着我们的身心，使我们更加坚毅、更加强固，就像是钻石，质地越硬，它的光彩越耀眼。所以，在我们碰到困难时，就要把它当作上帝对我们的考验，没有翻不过去的山，没有渡不过去的河，这些都是磨砺生命之剑的砥石，只有不断激励自己，才能掌握命运。

因此，无论是谁都应该记住：当你手足无措时，千万不要气馁，适当地激励一下自己，会使你精神重振，劲头十足；当你自轻自贱时，请鼓励一下自己，这样你会信心百倍，坚强地面对生活；当你想获得自己想拥有的一切时，请激励自己努力去争取，也许在不久之后，你的梦想就会实现……要知道，激励的力量是无穷的。它会像一座灯塔，为你指点迷津，它会像一汪清泉，解除你旅途中的干渴。请记住：爱生活爱自己，就别吝啬对自己的激励，这样你才能真正成为自己命运的主人。

不做习惯的奴隶，唤醒内心的力量

莎士比亚曾经说过：“不良的习惯会随时阻碍你走向成名、获利和享乐的路上去。”什么叫习惯呢？一件事情重复多次后，就自然而然形成了一种行为模式，这就是习惯。

成功的人和失败的人之间，一个重要的区别，就在于他们的习惯。成功的人，往往具有不断培养自己的好习惯，改变自己的坏习惯的能力；而失败的人，则对自己身上的一些坏习惯总是听之任之，也懒得去培养好习惯。

英国科学家艾蒙斯曾说：“习惯不是最好的仆人，便是最坏的主人。”当你不能成为习惯的主人时，那你就成了习惯的奴隶。一个成为习惯奴隶的人，怎么可能有成功的人生呢？

一天上午，生产主管突然通过工厂对讲机喊王力强在内的几个技术员立刻到他办公室。几个人刚来到生产办公室，生产主管就非常生气地说：“你们是怎么搞的？怎么这次发到加拿大的 VP 系列全部报废！”

大家一听，顿时就蒙了！首先想到的是，这月的 200 元绩效考核肯定泡汤了，而且还有一笔金额不小的罚款！可是，这么多人总不可能犯同样的错误吧？再说，生产时，首先工程部审核图纸、调机员和操作工生产时对照图纸填写调机单、班组长根据图纸签写首件单、质检员依照图纸填写巡检表、包装时终检人员按照图纸再填终检表格……难道大家都白痴了？

主管苦笑着说：“难道我还会冤枉你们？”他打开电脑里面的一封电子邮件，里面全是密密麻麻的英文。

王力强说：“主管，我们看不懂……”

主管说：“你看上面英文，意思就是 VP 系列 1500 个产品的加工位置全部搞反了！”

老班长认真地说：“不可能！我们都是根据图纸标明的位置生产加工的！”大家都附和说，从生产到终检都仔细核对过，不可能会出现批量错误。

于是，大家又拿来图纸仔细核对了一番，还是没有发现错误。这时，大家都松了口气。主管也恢复了平时和善的口吻："你们回去工作吧！"说完之后，他拿着图纸朝工程部主管办公室走去。远远听到主管大声地说道："张勇，你看我们是按照你们给的图纸生产的……"显然这就把问题转移到了工程部的头上。

张勇一听，惊呼："糟了！"这一惊呼，让王力强他们几个人都扭头回望工程部办公室。主管惊异地问怎么呢?

张勇说："是我们弄错了，我们没有考虑到图纸视角的问题，这图纸是加拿大发过来的，他们用的是第一视角，而我们却使用第三视角在看。"

其实在 MAST（中国）成立的时候，加拿大派了一个技术人员，可是这个技术人员在中国的工资折合人民币高达每月十万元。一年后，MAST（中国）为了节省这笔庞大的开支，让这个技术人员回到了加拿大。

以前这技术人员在的时候，他怎么说大家就怎么做，也没有仔细问过为什么要这样做，现在，大家全靠自己的经验和胆量在操作，结果问题就出来了，因忽视看图习惯导致 1500 个产品报废。

人的生命在某种意义上都是由一堆习惯有系统地组合起来的，不论我们是否承认，我们无时无刻不在"模仿、复制过去的我们"。随着年岁的增长，我们越来越像一架被安装了程序的机器，习惯的力量在逐渐增强。我们往往会按照固有的方式行事，却很少思考为什么要这样做，结果成了习惯的奴隶，最终铸成严重后果。

通常来说，习惯的根基越深厚就越难以改变。但如果从内心深处认为自己需要戒除它们，并不断地付出努力去改变那些坏习惯，就会锻炼我们的意志力，就会唤醒内心的力量。但是这些努力意味着那些长期形成的习惯和那些对抗这些习惯的力量之间的大冲突。所以为了克服这些冲突，必须做到如下三点：

（1）自觉运用意志力。

人们在克服坏习惯的过程中，必须有意识地运用意志力。虽然在养成这个习惯的时候,完全是无意识的。虽然人们不断提醒自己要下定决心，但意识深处并没有把它当回事。这就需要我们必须自觉地去克制，使自己在意志力的激励下不断地朝新的方向努力。

（2）直面坏习惯，不要逃避。

詹姆斯教授说："意志坚强的人是那些无畏地直面自己弱点的人。"当不好的念头出现时，你应该大胆地望着它的脸，承认它的存在，敏捷地抓住它，而不是调动激烈的力量和它决一死战。坚持挺过这个时候，要克服的这个念头会自动退缩，使它的注意力投向别处，这样问题就比较容易解决了。长此以往，形成的新习惯就会取代以前的旧习惯。

（3）必须训练你的意志。

心理学家认为，人们越是经常训练意志力，越能更好地打破坏习惯。所以，每隔几天，我们就可以刻意找一件困难的事情来做，这样在面对困难时，就不会手忙脚乱。

习惯是一把双刃剑，如果你能由自己来支配习惯，那么你最终会成功，但如果你让习惯支配你，那你就成了它的奴隶。增强自控力，唤醒内心的力量，你就是习惯的主人。

第十一章

拒绝瞎忙：停止无效努力，让你的付出有回报

在大多数人观念里，一个天天加班的人很勤奋，准点下班的人就不够勤奋。可事实却是工作效率有异，能 8 小时干完的事情，非要花费 10 小时忙碌，这不是勤奋，这样的忙碌没有丝毫意义。“天道酬勤”没有错，但这并不是说忙就一定能够获得丰厚回报，忙碌不等于勤奋，如果只是像无头苍蝇一样四处乱撞，那只会越忙越乱，越乱越忙。没有人生方向，每天和拉磨的驴子一样，即便再忙也必然无法实现自己的梦想。

现在反思一下：你在忙着做什么

时光荏苒，想要在职场的打拼中脱颖而出，就要让自己的忙碌有价值。现在反思一下，你在忙着做什么呢？

有些人忙着睡觉，忙着无节制地在网络中徘徊，然后忙着加班赶工，这是忙碌人群的真实生活状态。但是这些“忙”却没有为他们带来渴望的东西，真正娱乐的时间没有，工资始终也没有涨，职位晋升名单里永远不会出现他们的名字。不过，看他们忙的这些事情，怕是很难让人相信他们可以控制住自己，在重要工作面前“不走神儿”。

仔细想想，你的工作任务真的这么繁重吗？或许你有千万个理由来说明自己真的是很忙，迫于生活的压力，不得不多做些兼职，不得不完成那些自己并没有兴趣的工作，就这样不明所以地忙碌着，效率极其低下。

如果你真的是这样的话，抬头看看周围的人，他们也像你这么忙吗？如果你把每一分钟都利用起来，认真完成上面交代的任务，你是否就会摆脱这种忙忙碌碌的状态呢？反思一下，你是不是可以找出一些让自己不那么忙碌的办法呢？

“忙”不是一个贬义词，相反，他是我们很多人都追求的一种生活状态。因为“忙”代表着自己有追求，有事业心，有进取心，是一种积极向上的精神风貌。但是我们不能瞎忙，不能任由时间从自己的指尖溜走而毫无所感。我们应该让自己的时间每一分钟都有价值，我们的忙碌也是有意义的。

孟林参加工作一年多了，但说起自己的工作成就，他却是无奈至极。按照他的叙述，每天早晨八点他会准时起床，然后洗漱、吃饭，走路去公司。九点钟到达上班的地方。用他的话来说，从起床那一刻起，他就开始跟时间赛跑了，否则上班就会迟到。

来到公司之后，他有些仓促地打开电脑，浏览新闻网页，上论坛参与一下讨论，然后再玩个游戏，抬头一看，时间就已经十一点多了。他心想，过不了多久就要到午饭时间了，再玩一会儿好了。于是他把整个上午就给荒废掉了。到下午的某个时刻，他突然想起，主管上次交代的报告还没有干完，立刻又开始赶工。等到了下班的时间，同事们一个一个都走了，办公室就留下了他忙碌的身影。

每次同学聚会的时候有人问他的工作，他都会无奈地吐口水，说道：“太忙了，工资还不多，升职也轮不到我。”

很多人看到这个故事都会有“同是天涯沦落人”的感觉。生活中很多人都很忙，他们忙着赶路，忙着浏览网页，忙着加班，看似是在拼尽全力和时间赛跑，实际上就是在大把大把浪费时间。如果你也是这种状态下的一个，那么你也许应该给自己制订一下计划，改变一下自己的生活状态了。

（1）为自己制订一个合适的计划表。

为自己量身制定一个适合自己的任务清单吧，把自己需要做的事情写下来，然后立即行动，不要拖延，不要迟疑，赶快把手上的清单解决掉，你就会发现自己不再那么忙碌啦！

（2）讲究方法，高效做事。

既然开始做手上的正事了，那就要把每一分钟的价值都发挥出来，高效率地完成工作。讲究工作方法，运用时间管理技巧，争取在有限的时间里，获得更多。

奥卡姆剃刀定律：把握关键，化繁为简

奥卡姆剃刀定律是 14 世纪由逻辑学家、圣方济各会修士奥卡姆的威

廉提出的，即“简单有效原理”。他认为，人们所做的事情大部分都是无意义的，只有一小部分有意义的。所以，复杂的问题往往可通过最简单的方法解决，做事必须找到关键。

你是否常常为一个难以解决的复杂问题而忙得焦头烂额？不妨试着通过简单的方法去解决问题。

简单绝不是一个贬义词，简单思维是指以“简单”为核心的思维方式。从思维科学的角度来讲，它并不是一种低级的思维方式，而是一种特殊的思维方式，能够帮助人们化繁为简，提高办事效率，处理各种问题。

史蒂夫·乔布斯是“苹果”电脑的创始人之一。1985 年，他获得了里根总统授予的国家级技术勋章，1997 年成为《时代》周刊的封面人物，同年被评为最成功的管理者。2009 年，被《财富》杂志评选为十年间美国最佳 CEO，同年当选《时代》周刊年度风云人物。

乔布斯有一套自己的方法学，他热爱美丽的产品，尤其是硬件，但他永远是从使用者的角度着眼，他认为，最重要的决定不是决定做什么，而是决定不做什么。

作为极简主义的信徒，乔布斯的房间里只有一张爱因斯坦的照片、一盏桌灯、一把椅子和一张床。但是，这仅有的几种东西都是经过他谨慎选择的。这种极简思维延伸到苹果产品上，表现为在设计上化繁为简，舍弃多余的元素。

后来，乔布斯被迫离开了打拼 10 年的苹果公司。

1997 年 7 月，在连续 5 个季度亏损后，苹果公司董事会罢免了当时的 CEO，乔布斯临危受命，对奄奄一息的苹果公司进行了大刀阔斧的改组。他砍掉没有起色的产品线以及新产品降价促销的措施，终于使苹果恢复了元气，重新成为世界的宠儿。

苹果的战略实际上很简单：只要聚焦于制造最好的产品，回报自然随之而来。于是，苹果的每件产品都卓尔不群。在苹果公司的会议上，乔布斯可以懒散地把鞋子脱掉，把脚架在桌子上来回晃动，但是在追求产品品质方面，他奉行简单的完美主义。

简单的解决办法，往往是最实用、最有效的。需要注意的是，乔布斯的“化繁为简”，不是乱砍一气，而是在对事物的规律有深刻认识之后的把握关键，化繁为简。

生活中，人们习惯于把事情想得过于复杂，以为所有事都朝着复杂的方向发展。实际上，复杂会造成浪费，而效能则来自于简单。因此，你需要重新审视自己所做的事情和所拥有的东西，学会把握关键，然后运用奥卡姆剃刀，舍弃不必要的内容。

“大乐必易，大礼必简。”世界的表现形式虽然复杂，但是解决问题的方法却是简单的。把握住关键，用简单的理念去处理、去化解。

迅速转弯，别在错误里拖延时间

时间就是生命，虽然上帝赋予每个人的时间差不多，但是成功的天使很挑剔，它只让那些充分利用时间的人取得成功，那些浪费时间的人即使天赋异禀，也得不到青睐。

失败的人不懂珍惜时间，将时间视为不花钱的资本，肆意挥霍。事后，他们才会为过去犯下的错误伤心、懊悔，却不会抽出时间思考问题所在，找出解决之法，结果总是在错误里拖延时间。

成功的人时刻在思考如何更高效地利用时间。做事的时候，一旦发现情况不对，他们会迅速转弯，另寻解决之法。他们认为，为那些不可改变的事情劳神伤脑，无异于浪费生命。

陈刚有一个弟弟陈强，两个人相差两岁。大学毕业后，陈刚开始找工作，由于就业压力大，他所学的专业也不热门，他降低了就业标准，尝试过不同行业。但是，他始终没搞清楚自己究竟想做什么。一眨眼两年过去了，虽然陈刚频繁换工作，却始终没有确定的就业方向。

每次重新找工作，他都觉得很迷茫，不知道自己该做什么，总是稀里糊涂地找一份工作，不久又会换工作，如此恶性循环。

这一年，弟弟陈强毕业了，找工作也成了迫在眉睫的事情。起初，他想考研，但是迫于生活的压力，他放弃了这个想法。不久，他找到了一份与专业相关的工作。没干多久，他觉得不适合自己，就辞掉了工作。

与哥哥不同，陈强并没有盲目地寻找下一份工作，而是仔细思考了一番，又审视了一下其他同学的近况。他发现，以自己的条件，找到喜欢的工作很难，于是，他停止继续找工作，报名参加了造价工程的学习。

一年后，陈强成功通过了考核，重新开始找工作。这一次，他的目标更加明确了，不再四处乱撞。很快，他找到了一份满意的工作，并踏踏实实地做了下去。

几年后，陈强已经成了这个行业的资深人士，不但经验丰富，技术水平也很高。而哥哥陈刚的状况则不太好，他依然在频繁地换工作。尽管他毕业多年，但是仍然缺乏有价值的工作经验，每次找工作时都是从底层做起。

时间对兄弟两人是公平的，陈刚消耗了很多时间，却一直在错误里打转转，最终一无所长；而陈强却在错误里迅速转弯，用有限的时间找准了位置，确立了目标并为之奋斗，最终成为有一技之长的实用性人才。

对每个人而言，一天都是 24 个小时，一年都是 365 天。成功的人之所以能业绩卓著，在于他们能及时发现错误并迅速转弯，绝不在错误里拖延时间。最终时间也赋予了他们最丰厚的回报。

当错误发生时，我们要停下来冷静思考，找出问题的根源，汲取经验和教训，并找到解决之法。让昨日的错误成为明日成功的垫脚石，才是充满智慧的做事之道。

当错误发生时，与其一味迁就，并因此产生拖延的恶习，不如适时转换角度，另寻出路。迅速转弯，便能避免毫无意义的拖延，由此收获更多!

越加班的人，越不会得到重用

很多人把“天道酬勤”、“付出就有回报”等作为做事理念，认为工作的时间越长，越能证明自己足够努力，因此，他们在努力工作 8 小时之后，还会主动加班，有时候甚至会加班到很晚。

可是，你是否有过这样的感受，即使每天加班很长时间，也很难得到上司一句夸赞。相反，那些每天准时上下班，从来不延长工作时间的人，反而能够得到重用。

郑凯就职于北京的一家 IT 公司，是一位典型的加班族。他每天都要通过延长工作时间，才能完成工作任务。老板也注意到郑凯经常加班，便找他谈话。郑凯便想：老板应该是注意到我很努力，要表扬我。

然而，对于他延时工作的做法，老板并没有给予肯定，反而提出了批评：“大家的工作都差不多，别人可以在既定时间内完成任务，你却需要加班才能完成，可见工作效率比别人低。而且，你每天加班，公司有许多资源也在加速消耗。如果你能力有限，不妨考虑重新找一份可以胜任的工作。”郑凯听后非常沮丧。

后来，公司把“禁止员工加班”加到了员工守则中。老板告诉员工，加班不一定会得到重用，公司需要的是能够高效完成工作的人。加班既占用了员工更多的个人时间，还增加了公司的支出，实在是双输的结果。

有人不理解，为什么加班反而得不到重视，出力不讨好，太不公平了。其实，加班不一定代表你努力了，不加班也不代表没有高效工作。聪明的老板不希望员工加班，因为延长工作时间代表工作效率低、缺乏计划性，会削弱企业的竞争力。

美国惠普公司要求员工："当天安排的工作任务，要在有限的工作时间内完成，不要给自己和别人造成额外的负担。"如果只是借助长时间工作来消耗时间或摆出一种姿态，这样不但无法为企业创造效益，还会降低团队的效率。

一个人取得的成就并不由工作时间的长短决定。倘若同样的工作任务，你无法在规定的时间内完成，只能依赖于延长时间，这就说明你个人能力不足。同时，还意味着你没有提前做好规划，缺乏认真做事的态度。

此外，如果工作过于繁琐复杂，超出了你的个人能力，那么你就应该向上司提出建议和修改方案，而不是逞英雄，去做根本不可能完成的任务。情商高的人知道自己该做什么，以及如何高效做事，而不是劳而无功。

在团队中，一个人的价值取决于他能否高效地完成工作，以及能否创造巨大的效益。因此，在有限的时间内，高效地完成工作任务是至关重要的。

调整"期望"法：为自己设定一个期限

每个人都对生活和工作有期望。那些积极的期望能帮助你消除负面情绪，激发工作热情；而消极的期望会给你带来负面情绪，打击你的自信心，甚至让你怀疑自己的能力。因此，保持良性的期望能够提升办事效率，增强工作动力。

当然，过犹不及，过高的期望和过低的期望都不利于工作进行。具体来说，过高的期望是一种盲目的自信，一旦努力之后无法实现，就会产生失落心理，从而丧失前进的动力。

而过低的期望也不利于自身发展，它会令人陷入迷茫，对未来失去方向，甚至每天浑浑噩噩，不想做事。那些缺少期望的人总是在“混”日子，对设定的目标一拖再拖，结果大量的时间就在拖延中浪费了。

无论是哪种原因形成的拖延，都是在浪费自己的宝贵时光。告别拖延的有效方法，是设置一个合理的期望，并确定切实可行的操作步骤。

胡佳和李奇是一家公司的销售人员，主要工作是和“拒绝”打交道。进入公司后，两个人都参加了销售培训，也阅读了培训老师推荐的图书，于是，满怀信心地开始了销售生涯。

起初，两个人都无法打开工作局面，给客户拨通电话的时候，总是被拒绝。随着被拒绝的次数越来越多，李奇的内心动摇了，他对打电话开始恐惧，电话另一头的拒绝让他无法提起工作热情。之后，李奇不再热衷于寻找新客户，每天只是应付性地打几个电话，然后就坐在办公桌前消磨时间，直到下班。这种情况很快被老板发现，结果李奇被公司辞退。

胡佳也经历了与李奇相同的遭遇，但是他没有放弃，依然对工作充满期待。他不断调整心理状态，始终保持积极的心态，并努力改进工作方法。他规定自己每天必须打50个电话，并尽可能多地留下客户的资料。对有意向的客户，他及时跟进。在业余时间，还积极向其他销售人员学习推销技巧。终于在工作满一个月的时候，胡佳签下了第一个客户。成功的喜悦让他更加卖力，工作能力也随之不断提升。工作刚满一年，他就成为了公司的销售冠军，不但工资上涨，还被提拔为销售经理。

李奇与胡佳条件相当，只是彼此的心态不同。胡佳对销售工作充满期望，因此制定了明确的目标，并为此奋斗。李奇则消极应对，得过且过。心态不同，工作状态也不一样，最终取得的成就也大相径庭。

积极乐观的心态虽然未必能帮你解决所有问题，但是却可以让你以积极的态度面对问题，成功的概率自然远远高于消极做事。

当然，并不是拥有积极的期望就一定可以心想事成。在积极的期望下，还应该为目标设定一个期限，否则一旦超过了期限，前面所有的努力都将变成无用功，期望也会变成失落。显然，只有在一定期限内完成的目标，才是合理的期望。

合理的期望能让你制定的目标更合理，以便在工作和生活中不迷失方向。积极的心态，适度的乐观能够激励我们向既定目标前进。“坚持下去，我可以成功”，这种信念能够支撑人们走得更远。

第十二章

把控时机：成功就是在对的时间做对的事

如果想要自己不那么忙碌，我们除了提高自己的效率之外，还有就是只做正确的事。那些费力不讨好、毫无意义的事情就放弃掉吧，这会让你轻松很多。

正确总是和错误相对的，我们应该在遇到事情的时候理性地去分析，不能光凭着一腔热血去决断，而应该更全面、更合理地去考虑问题，做出正确的选择，去做正确的事。

抄近路往往是最远的路

“两点之间直线最短”这个几何学公理给人们造成一个错觉：从一个点到目标点，走直线最近。于是，人们都学会了抄近路、走捷径，美其名曰“节省时间”。

生活中，行人为了抄近路，不惜横越马路、跨越围栏，结果酿成惨祸；开车的为了抄近路，不惜走陌生的小路，结果出现意外状况，绕来绕去走了许多冤枉路。

工作中，自作聪明的人做什么事都喜欢耍心眼，结果被淘汰出局；自私懒惰的人，总想投机取巧、不择手段挣快钱，结果受到了道德的谴责和法律的制裁。

在现实中，两点之间绝大多数情况下无法走直线。如果做事情总想着抄近路、走捷径，不仅难以快速到达，反而要花更多的时间。

一个天高云淡、风清气爽的周末，王毅约了几个好朋友一起爬山。一路上，大家有说有笑，不知不觉就爬到了山顶。几个人举目远眺，心旷神怡。

到了返程的时候，大家都有些劳累了，于是想找捷径下山。这时候，王毅突然发现前面有一条羊肠小道，似乎有人走过。从这条路远远望去，还能看到山下的停车场。于是，他把这个好消息告诉了大家。

大伙儿一看，果然是一条捷径！他们非常高兴，当即决定沿着这条小路快速下山。然而，走了一段路之后，他们看见了一道断崖，小路在此一拐，伸向远方的一个小山村。大家一筹莫展，只得先向山村方向走。中途又拐上另一条弯弯曲曲的小道，结果迷路了，被围困在峭壁悬崖边无法下山，最后只得报警求助。

当救助人员赶赴现场时，他们已经被困 7 个小时了，饥饿和寒冷使得几个人抱在一起发抖。

本来他们可以在太阳落山之前回到停车场，但是因为想走捷径，被困在悬崖峭壁边，无法下山。这个教训是深刻的。

人总是想走捷径，即使吃了亏也很难彻底改变，这是人类的惰性和自作聪明使然。在一个讲效益、讲速度的时代，社会的发展日新月异，人们比以往任何时候都想更快达到目的，但需要注意的是，在这一过程中万万不可触碰了底线。

寻求变通无可厚非，然而首先必须对眼前的情况或要解决的问题有一个全面的分析。只有有一双发现的眼睛、敢于创新的头脑，才能找到与众不同的解决之道。否则，盲目地走捷径，只会踏上弯路。

每天找出最重要的事情去做

现代社会的工作和生活节奏越来越快。无论是谁，每天一睁开眼就要面临纷繁的事情，但是每个人的时间却非常有限。有太多的人不懂得合理规划，忙碌一整天，结果忙的都是无关紧要的琐事，真正重要的事情却被遗忘在角落里。

如果想在有限的时间里做更多有意义的事，处理更多繁杂的事务，甚至取得更大的成果，就要制定合理的计划，优先处理那些重要的事情。

每天面临众多选择，是现代人的生活常态。对此，有的人会陷入茫然，不知道自己究竟应该做什么，于是，一天就在茫然中度过，办事效率低下。会办事的人善于理性分析，并会做出科学的选择，制定合理的计划，有条不紊地处理好事情，效率特别高。

关于如何合理利用时间、规划日常事务，很多专家和学者都进行过研究，他们的结论一致，即分清事情的轻重缓急。只有做到这一点，工作规划才合理，办事的时候才不至于陷入混乱，也不会因为茫然而陷入拖延。

马东是一家公司的部门经理，每天早上都有一堆文件等着他审批。这天早上，他办公桌上放了一份重要的年度计划书。望着堆积如山的文件，马东正在发愁如何处理，偏偏这时候又接到了董事长召开临时会议的通知。

马东急忙走进了会议室，会议一直开到中午才结束。马东正准备松一口气，秘书说有客户前来拜访。他只好转身接待客户，并与对方共进午餐，商讨下一步合作事宜。

送走客户之后，已经是下午两点半。这时候，部门的员工一个接一个过来请示、汇报工作。马东一边听着下属的汇报，一边思索着如何处理办公桌上待审批的文件，中间还不时被电话打断思路。

很快就到了下班时间，办公桌上那一叠文件还原封不动地放在那儿。这时候，秘书又进来提醒："经理，那份年度计划书请您尽快签完，我还要送到董事长那里去。"马东长叹一口气，揉了揉发胀的太阳穴准备加班。

很多时候，你以为时间非常充足，便把最重要的事情放到最后，而先处理那些烦琐的小事，但是到了下班时间，才发现已经没有时间处理重要的事情了。对此，很多人会拖到第二天处理，但是第二天的事情可能更多、更繁琐。就这样，重要的工作被一拖再拖，自己也陷入了拖延的漩涡。

其实，只要将每天需要处理的事情分清轻重缓急，优先将最重要的事情处理好，你就会发现剩下的工作非常简单。有一句古老的谚语这样说：如果你每天早上做的第一件事是吃掉一只活青蛙的话，那么你会欣喜地发现，这一天里再没有什么事比这件事更糟糕了。

这只"活青蛙"就代表一天当中最重要的那件事，如果优先处理掉，这一天就不会有拖延现象发生。

把一天的工作按照轻重缓急，然后一件一件处理，工作就会有条不紊，效率也会大大提高。制订合理的计划表，杜绝自己再为拖延找借口，所有的事情都被规划在时间表上，必须按时完成。

最重要的事情优先处理，无论你愿意还是不愿意，一旦这个习惯养成，你会发现自己的时间非常充裕。一次只处理一件事情，而且是最重要的那件事情，长此以往你的工作效率会显著提高。

二八法则：抓大放小的做事智慧

人的精力和时间是有限的，不可能每件事情都做到十全十美。如果不能合理地利用资源，就可能导致办事效率就很低，甚至把事情搞得一团糟。那么，如何高效地做事呢？回答这个问题之前，我们先来了解一下二八定律。

1897 年，意大利统计学家、经济学家维尔弗雷多·帕累托在研究 19 世纪英国社会各阶层的财富和收益时发现，英国人的大部分财富流到了少数人的手里。与此同时，他还发现一个种群占总人口数的百分比和其所享有的总收入之间有一种微妙的关系。

由此，他得出一个定律：在任何特定群体中，重要的因子通常只占少数，而不重要的因子则占多数，因此只要能控制具有重要性的少数因子即能控制全局，这就是著名的“二八定律”。

世界上许多事情都遵循着这一定律，如空气中，氮气占 78%，氧气及其他气体占 22%；人体中，水分占 78%，其他物质为 22% 等。

后来，这一定律被运用到企业管理中，比如，通用电气公司将奖励放在第一位，这项制度使员工的工作效率更高、表现更出色，但该奖励制度只奖励那些完成高难度工作指标的员工。

将 80% 的资源利用到关键的 20% 的事务中，使资源得到最大限度的利用，同时利用这关键的 20% 带动另外 80% 的发展，将极大地提升企业运作效率，提高效益。

在企业管理中，管理者可以应用树形分析法将企业目标层层划分，使其形成金字塔形的结构，然后逐步实现目标。在设定详细的战略目标后，还可利用二八定律进行风险识别，对风险进行分析，把控关键的20%的风险。

在投资活动中，将80%的投资用在重要的20%的项目上，使得重要的20%的投资带来80%的回报。

企业的资金管理，也适用于二八定律。在处理应收账款时，可以发现，往往80%的应收账款集中在少数几个大客户身上，其余20%的应收账款则分散于80%的小客户身上。在存货管理中，广泛应用的ABC控制法也是二八定律在营运资金管理中的实际应用。在企业的市场营销中，运用二八定律，可以发现针对多数使用者的营销策略，还可以有效发掘老客户的潜在需求，从而挖掘出关键的目标客户群。

在企业的人力资源管理中，合理地安排员工的工作岗位，有效地进行奖惩，也是二八定律的有效体现。

二八定律可以让企业找到造成某种状况的关键因素，同时找到能够贡献80%产出的20%的投入。当一家企业发现，80%的利润来自20%的产品，那么企业就应该提高这20%的产品的生产量。

一位著名的管理学家曾说，成功的人若分析了自己成功的原因，就会知道二八定律是成立的。80%的成长活力来自于20%的员工，公司知道这20%是谁，就会清楚地看到未来成长的方向。

关键时刻必须“独断专行”

对于“独断专行”，人们通常想到的是一个人“不听取他人意见，刚愎自用”，“专横跋扈，行事专断，不够民主”。通常情况下，我们都渴望民主，推崇“一个好汉三个帮”。而“独断专行”在人们的印象当中是一个贬义词，是长久以来人们都想要克服的缺陷。但是，在一些关键的时刻，对于一些特定的人或者事件，“独断专行”反而能够收到积极的效果。

在企业当中，总会遇到这样的事情，当领导提出一个新的意向的时候，总会面对很多反对者。这些反对者有的是对新的意向不了解，害怕给企业带来不必要的损失；有的反对者是人云亦云，只是单纯跟风；还有的反对者是为了反对而反对。面对众多的反对者，决策者就像大海中的孤舟，没有支撑，被孤立起来。这种时候，如果自己的决策是正确的，领导者一定要坚持下去，如此，这叶孤舟才能继续前行，否则只能被反对者的声浪打翻。

企业当中，听取众人的意见是必要的，但是做出决断的是一个人，而且只能是一个人。因此，在必要的时候，领导者要有“独断专行”的魄力。

职场当中，还有一些人自以为聪明，对于领导的安排能推则推，或者一再找借口拖延。他们希望自己能够置身事外，明哲保身，对于这样的刺头员工则更要“独断专行”。因为，如果一味纵容这些员工，公司的制度将会沦为摆设，而且他们的行为会阻碍公司计划的执行，严重的话，甚至会危及全局。

柳婷因为意外事故休假，她原本负责的一部分工作被迫转给李亮。李亮原本就是一个比较圆滑的人，对于自己的工作都是能推则推，这些额外的工作他也想找借口推掉，但是部门经理却指定要他来完成，并一再强调这些工作的重要性。看到无法推卸，李亮不情愿地接受了这些工作。

虽然接受了这些工作，但是李亮并不想去做，而是转身去处理一些无关紧要的小事。看到李亮忙忙碌碌，经理以为他在认真工作，可是一周之后，李亮的工作却没有一点进展。经理将李亮叫到了办公室：“交给你工作的时候一再强调这些工作的重要性，但是一周过去了，你的工作却没有丝毫进展，这到底是怎么一回事？从现在起，你把手头上其他的工作暂时放下，专心处理从柳婷那边转过来的事情。这些工作希望你能在十天之内完成，中间我会去抽查你的工作进度。”虽然经理再次强调了工作的重要性，但是李亮并没有放在心上，依然我行我素。

三天之后，经理再次抽查李亮的工作，发现李亮的工作还是没有任何进展。李亮的工作态度彻底激怒了经理：“李亮，你还有七天的时间，七天之内如果能完成这些工作，你可以继续留在公司，如果完不成，我会让财务部给你立即结算工资。”说完这句话，经理转身离开。李亮也彻底意识到了问题的严重性，他急忙来到经理的办公室，认真承认自己的错误，并一再表示一定按时完成工作，并且保证质量。

“独断专行”不能成为工作的常态，但是在必要的时候，“独断专行”反而有利于问题的解决。尤其是在面对危机的时候，领导者更要有决断的魄力。要知道，当断不断，反受其乱。有些人之所以能够成功，就是在别人还在犹豫的时候，他已经做出了决定，正因为比别人抢先一步，所以也容易被机遇青睐。

领导者之所以要有决断的魄力，是因为他的手中掌握着比别人更加丰富的信息，他做出的决定成功的可能性也更大。有一句俗语：小事开大会，大事开小会，重大的事情不开会。说的就是面对重大的事件的时候，领导者就要敢于“独断专行”，因为这些事情无法与人商量。

在正确的时刻，做出正确的决断，并一丝不苟地执行下去，也就是在关键时刻敢于“独断专行”，才不致错失良机。

谋之以众，断之以独。听取意见，博采众长很有必要，但是在最后做出决断的只能是一个人。而且在很多时候，领导者必须要有“独断专行”的胆识和魄力。因为时机稍纵即逝，如果不能在关键的时刻抓住，一切都将是徒劳。

第十三章

“空想”无用，忙于“执行”才会更有前途

每天都在忙着制订计划，却从未真正执行，忙于“空想”实在是毫无意义，毕竟想象与现实是两码事，唯有忙着“执行”的人才更有前途。

别把时间都花在“空想”和“幻想”上

每个人都知道“一寸光阴一寸金，寸金难买寸光阴”、“少壮不努力，老大徒伤悲”的道理，但是，我们在对待自己的时间时，总是免不了做一些没有意义的事情，其中“空想”和“幻想”就是最典型的例子。

很多时候，我们会因为一个美好的故事，一个奢华的电影场景，一个小的动作，而产生无限的遐想。

每个女孩子心目中都有一个公主梦，幻想自己是“白雪公主”，有一天，会遇到白马王子。那个王子无比优秀，无比英俊，他可以包容自己的缺点和小脾气，可以给自己舒适安逸的生活……

但是，你可否想过，白雪公主之所以可以拥有王子的温柔相待，拥有富足的生活，很重要的一点是她受到过良好的教育，拥有渊博的学识，所以王子才会欣赏她、倾慕她，甚至爱上她。任何时候，你都要记住，你的珍贵来源于你的价值，你的见识，你的涵养，你的德行，这些都需要在日常生活中修炼。你在脑子里幻想自己是白雪公主，实际上你只能想想。在现实的世界里，只有努力，你才能邂逅白马王子，并紧紧地抓住他。

每到新年之际，很多人都会说希望新的一年可以“钱多事少离家近，位高权重责任轻。每天睡到自然醒，薪水领到手抽筋。逢年过节要奖金，别人做事我加薪”。愿望确实很丰满，但是骨感的现实却告诉你，不去行动，再美好的愿望也没用。

电影里最经典的一个场景之一就是“美女、豪车、洋房”，这样的生活是上层社会中成功男士的标志，无数的言情小说和偶像剧里，都出现过这个场面，这也成为很多男性憧憬的未来。幻想着这种美好的生活，有人立志朝着这样的人生努力，有人沉醉在这样的幻想里不可自拔，好似只要自己想一想就可以把眼前的问题解决掉，就能过上那样的生活一样。于是，那些用行动来追求的人，获得了成功，即便是不能左手豪车，右手洋房，但是最起码生活是富足安乐的；但是反观那些沉迷在幻想中的人，最终只能把自己的日子过得原地踏步，甚至搞得更加糟糕。

王凯和王华是邻居，他们从小玩在一起，一起上学，成为了很好的朋友。后来，他们在学习的过程中还听说了李嘉诚的财富故事，青春年少的孩子，都渴望自己也能成就一番事业。王凯是个务实的孩子，他希望可以通过学习来充实自己，将来像李嘉诚那样，拥有成功的人生；王华却不同，每天都会想着自己要成为李嘉诚那样的富翁，却不努力学习，有时候上课他都会想着自己开着华美的轿车，在一群精英面前侃侃而谈。因此，他上课总是走神儿，老师一旦批评，就心情不好，然后就更加频繁地幻想着自己成为有钱人的场景。

几年以后，王凯凭借出色的成绩，在北京一个不错的学校读完了大学，根据自己所学的金融管理专业知识，和朋友合伙开了一家小公司。后来，公司做大了，王凯的日子也越过越好。王华却因为当时学习成绩不好，初中毕业就进了技校，但是他觉得没意思，就自己闯社会打拼，可是没有知识和文化，他处处碰壁，无奈最终只好回到老家，成了一位搬运工。

美好的青春年华，因为不同的选择，不同的做事方式，儿时的伙伴如今已成天壤之别。通过这个故事，我们应该明白，别把时间都花在“空想”、“幻想”上，那只会浪费你的时间。怎样避免这样的现象出现呢？

（1）集中精力做好手头上的事，不要胡思乱想。

当自己做事情的时候，脑子里幻想那些美好或者不美好的场景时，要及时提醒自己，不能任这样的情况肆意发展下去。觉得幻想一下美好的场景是给心灵的巧克力，可是若因此让该做的事情耽误了，那么那块很好吃的巧克力就会变成很吓人的“五石散”了。

（2）珍惜时间，把握时间。

有时候，幻想是可以靠我们严格的时间意识来阻止的。因为如果安排自己半个小时做完一件事情，那么我们就会抓紧时间去完成。由于时间紧，所以我们没有空余的时间为空想“开头”，也就不会浪费时间在幻想上了。

再好的点子，不去执行也是零

生活中，我们经常发现自己有很多好点子可以让生活变得更好更充实，但问题是虽然有这些好的主意和规划，但是生活并没有变得如想象那样完美，匆忙和问题依然充斥着我们的生活。

为什么会这样？是我们的想法不好吗？是我们的计划不够完美吗？是我们的思想不够缜密吗？面对这些问题，不可否认，有些人没有获得成功确实与这些因素有关。但是，绝大多数人却并非如此，而是他们缺少执行力。计划制订了，自己却并没有执行或者执行了却没有执行到底。

其实，没有执行，再好的点子都是空谈。好的计划不如好的执行！

有一家大型的国有企业，厂里有近千人需要养活。可是不知为什么，这家厂子近几年经济状况愈发不景气，因此，连带着厂子里的工人跟着积极性都不高。最终，厂里面临着即将破产的局面。

一位厂里的老技术人员，在厂里已经干了十几年，对厂子有很深厚的感情，看到厂子变成今天这个样子，心里十分不好受。他反思了一下厂子里近几年的情况，发现了一个很重要的问题。

他找到企业领导人，说道：“我是厂里的老员工了，看到厂子变成如今这个样子，觉得很可惜。这些天我想了一下，认为厂子还是有可能再次发展起来的，请您听听我的想法，看看行不行。”

领导听了这个员工的想法之后，认为有一定的合理性，又出于对厂子的感情，于是就怀着“死马当成活马医”的心情，让他按照自己的想法试了一下。没想到，结果却让人震惊，厂子活了过来。

那么，这位老员工究竟做了些什么呢？其实很简单，在制度没变、员工没变甚至连机器设备也没有更换的条件下，他要求厂子里的每一位员工把先前制定的方针、政策和制度坚定不移地执行下去。结果，仅一年光景，厂子便改变了亏损的局面，实现了赢利。老员工意识到其实并不是厂子里的方针、政策有问题，而是这些合理的方法并没有得到认真的执行。

这个故事让我们看到，执行力是多么的重要，再好的政策，如果没有执行力，那么终究只是一个想法。就好比再详细的地图，如果不迈开脚，对我们而言，那充其量是一张有着彩色线条的纸而已。

如今的社会，很多人都在为自己规划着一个看似完美的未来，但是永远只是规划好后就没有后续工作了，他们的梦想也因为不作为而最终搁浅。

既然给了自己一个目标，一个梦想，那就不要让自己留有遗憾。积极地行动起来，将好点子变成生活的动力，努力去实现它。为此，你需要做到：

（1）拒绝拖延症，现在就行动。

一旦有了好的想法或者主意，不要拖延，因为过度的拖延会让你丧失激情，变得不再对那些好点子感兴趣。好的想法来了，展示出应有的执行力，好好地去做，不要总是想着让自己的想法“再完善完善”，你要清楚地知道，再完美的计划，没有执行，最终也只能是个计划，于你而言，没有任何益处只有将它实现，才能有所收获。

（2）相信自己，不要犹疑。

很多人制订计划之后，在实现的过程中，总会发现有种种困难，所以就会觉得是不是对自己要求太高了，从而松懈下来，执行力渐渐减弱，最终事情没有完成。所以，我们要学会相信自己，不断地为自己的执行力加油，才能将想法更好更快地实现。

实事求是，让忙碌更有价值

汉代王充曾说过：“入山见木，长短无所不知；入野见草，大小无所不识。然而不能伐木以作室屋，采草以和方药，此知草木所不能用也。”这段话鲜明地阐述了实事求是的道理。

历经千年的发展变革，如今，实事求是的精神已经成为中华民族生存发展的必备意识之一。它会让我们的行动更有价值。每天睁开眼睛，我们就开始了一天的生活。在当下快节奏的生活步调下，我们停不下来，在这样忙碌的日子里，如果不能保持实事求是的心态，那么，你的忙碌很可能会大打折扣。

就拿人人羡慕的公务员这个职业来说，很多人的口头禅都是“工作太忙”“没有时间”“要加班”……这些忙碌成了他们尽职尽责的证明，但是忙碌的结果究竟如何呢？如果你是忙着文山会海、忙着形象工程、忙着接待应酬，那么，你的忙并不能带来任何出色的政绩和众人的拥戴，因为这样的忙碌更多的是“面子工程”，产生不了任何效益，是没有价值的。

同样的，如果你将自己的忙碌放到经济社会发展的关键点上，为大家的切身利益着想，帮助他们解决实际问题，这样忙才有意义，忙的有价值。

忙碌的确是一件好事，有事可忙，代表着自己的事业在蒸蒸日上，自己的生活是充实和丰富的。但是，如果脱离了实事求是，忙碌的结果也可能是碌碌无为。所以，在自己充实的生活中，一定要坚持实事求是的原则。

卢茜是一个刚刚毕业的大学生，走出校门，她充满了对未来的美好憧憬和希冀。

经过面试，她进入了一家公司做助理工作，和另外一个女生一起做事。但是她渐渐发现，比起和她一起做事的同事来，自己似乎并不怎么受重用。这是怎么回事？难道无法通过试用期！她担心极了。

怀着这样忐忑的心情，卢茜陷入了焦虑。一天，她实在忍不住了，找到经理问道：“为什么我感觉自己的工作远没有您交给她的重要，是我工作不够勤奋吗？”

面对这样的问题，经理给予了耐心解答：“并不是你工作不积极，相反，你的工作态度我很欣赏，也是我没有直接否定你的主要原因。事实上，你每天都很忙碌，但是没有效率，总是追求量多，但忽视了务实这一重要环节。你每天都在解决问题，但是解决的不是问题的关键部分，你感觉自己只要在做事就可以了，但是你的同伴却在花 80% 的时间去解决重要的问题，20% 的时间去做那些琐碎事件，效率比你高很多”。

听了这样的话，卢茜明白了自己的不足之处。在以后的工作中，她努力改进自己的不足之处，最终获得了上司的认可。

我们在生活中，也要时刻记得务实做事，不要想当然地认为事情做了就行了，要看清事情的关键所在，求真务实地解决问题。为此，我们应该做到：

（1）看问题的时候不要片面。

很多时候我们看待问题，会因为只偏重于一个方面而变得过于追求速度或质量，偏离了事物原本的形态，很多事情做起来自然事倍功半。

（2）忙中有序。

我们的生活可以很忙碌，但是不应该盲目追求忙碌的状态，而是要有效率地忙起来，让自己的付出产生最大价值，实现个人利益的最大化。

你还在每天忙着做计划吗

你还在每天都忙着做计划吗？你的计划是否已经变为了现实？你的计划究竟有多大意义？……如果你是一个有计划的人，那么这些问题你应该时常问问自己。

相信每一个计划当中，都有我们的心血和思考。每制订一个计划，都是怀揣着美好的希望和自己的愿望进行的，每个人都希望自己的计划可以付诸实践，取得成功。但是我们的生活并不是只要做计划就可以了，没有行动力去实现它，计划就等于空谈。你每天忙着做的那些计划也会变成自己编织的美好幻想，最终变成空想。

如果你已经制订了很多计划，但是并没有一个正在实施或者一直没有真正坚持到底的，那么你需要停下脚步，仔细思考一下，是否过于将自己的注意力放到计划上，而忽视了实践。任何一个计划，只有将它变为现实，它才是真正有意义的。如果总是在制订计划而忽视执行力中度过，那么你的计划只是在重复创造和抛弃，没有任何价值。

每天制订的计划，督促自己在当天完成，是对自己负责，也是对这个计划的尊重，更是支撑自己不断追求进步的动力。只有将计划实施了，才能和自己的目标和梦想靠得更近，才能一步一步地去实现最终的目标。

王丽是一个大一的学生，满怀着憧憬与理想进入了理想中的大学，她觉得自己奋力杀过“千军万马”才来到大学，一定要珍惜这个机会好好学本事！但是大学里的诱惑太多了，稍有不慎，就会迷失。

为了督促自己，每天晚上，王丽都会为明天制订一个计划，然后告诫自己，一定要按照计划做，但是结果往往事与愿违。到了第二天的时候，她就会被各种各样的状况打乱计划，脑子里想的总是其他的事情，与计划丝毫不沾边。她劝慰自己，今天虽然没有执行计划，但是做了其他的事情，也不能说都是自己的错，今天晚上好好地规划一下明天，明天一定会按计划行事的。

这样的心理伴随着王丽度过了一天又一天，就这样，期末渐渐来临了，她的计划几乎写满了本子，但是却没有一个是真正好好执行了的。期末考试的时候，她才发现，本来该好好复习的时间，虽然列在了计划里，却因为和朋友出去玩儿而耽搁了；本来应该用来看书的时间，却因为逛街而消耗掉了；本来应该做微积分题的时间，却被玩游戏占据了……这些时间都是自己曾无数次列入计划中的，但最终却没有执行。

王丽的故事鲜明地告诉我们，再完美的计划，即使是每天制订，在没有执行力的条件下，依旧没有任何意义，都是空谈和空想。思想不会因为一个计划而变得富有，只有学习才可以办到；阅历不会因为一个计划而拓宽，只有积累才可成功。

如果现在的你和王丽一样，每天都在为自己做着各种各样的计划，却没有执行的话，那么停一停吧！将自己的计划付诸行动吧！让每一天的计划不仅仅只是计划，而是通向成功的阶梯。

（1）让自己的计划有层次。

制订计划，不是一时兴起，也不是只要每天去罗列自己要做的事情就可以了，你要有大的规划，自己一年内大概要做些什么？一个月之内要做些什么？进而具体到一天，这样制定出来的目标更加清晰，执行起来更加得心应手，自己每天辛苦制定出来的“心血”才不会付诸东流。

（2）让自己的计划衔接挂钩。

如果可以，让每天制订的计划环环相扣，不要轻易对自己的一天做计划，要好好地斟酌。如果明天要做的事情是和今天挂钩的，今天如果不按时去完成的话，明天就无法进行，那么，也可以督促自己完成今天制定的计划。

及时优化你的梦想，少做无用功

盲目勤奋，只知道低头做事，实际上是很不可取的行为。很多人有时候虽然付出了努力，但是因为努力方向不对，最终毫无所获。

及时优化你的梦想，根据现实情况对自己的梦想做出适当调整，才能避免做无用功，否则不仅浪费了自己的时间，而且还会拖慢梦想的进程。

在平常的生活中，除了自己的长期目标外，还要为自己制订的短期计划而拼搏。比如，有的人觉得自己应该在这个月拿下至少 10 个客户才算达成了期望，之后为了达成这个目标，与无数个客户周旋，最后的结果却与自己的愿望背道而驰。

这样的人有梦想、有目标、有行动，却因为不能及时调整自己的预期，最终以失败告终。

所以，我们千万不能只顾埋头走在追逐梦想的路上，要时常记得抬起头看一看自己的目标是否适合环境，是否适合自己的位置，是否适合眼下的状态……如果出现了变化，要懂得及时调整，才能成为最终的赢家。

优化自己的梦想，不是将梦想定得更加高大上，也不是降低自己的要求，拉低梦想的质量，而是根据事实情况来调整梦想。梦想只有适合自己，才是有意义的。一个体育不好的人，却梦想着自己成为长跑运动员，这样的梦想不可取；同样的，一个爆发力极好却缺乏耐力的人放弃了短跑去练长跑，也是不明智的行为。他们都无法实现自己的梦想，因为在一个根本不适合自己的道路上，付出的努力大都是在做无用功。

这些道理，拿出来说的话，大家都懂，但是在现实生活中，还是难免有人明知故犯。

大学毕业那年，他 22 岁，去北京找了人生的第一份工作——杂志社记者，这个时候的他踌躇满志，希望可以做出有价值的新闻，成为知名媒体人。但是由于经验匮乏，在这条道路上，他做了不少“无用功”。很多时候，他千辛万苦采写的稿子因为各种原因而被“枪毙”；有时候好不容易写出几千字的稿子，被删得只剩一小块“豆腐版面”……虽然他每天都在忙忙碌碌地工作着，却总做不出什么出彩的成绩。渐渐地，他的心里产生了厌烦情绪，觉得编辑在刁难自己，最终辞职了。

在之后的几年里，他南下广东，前前后后换了好几份工作，然而不管做什么总是无法避免做一些无用功。比如在做人力资源工作的时候，他策划的方案很多时候会因为公司的各种变动而被否决；转行做销售，成为一名汽车销售人员，每次都热情地接待客户，可最后却没卖出几辆汽车……后来，他又在银行找了一份和销售汽车本质上差不多的工作，每天都忙着拜访客户，和客户聊天沟通，却总是在不经意间就将大量的时间花费到了一个客户的身上，最后也没有给自己带来任何业绩。

经历过几次失败之后，这位年轻人意识到自己一直在做无用功。他感到沮丧和失望，却不懂得停下来反省自己，最终回到了老家发展。

后来他向大学老师诉说了自己的经历，老师安抚了一下他的情绪，说道：“不要整日埋头做那些无用功了，有时候你也需要抬头观望四方，静下来审视自己，找到适合自己的方向。因为工作除了埋头苦干，一定要把劲儿使对了地方，否则无论你多么努力，也只是在做无用功而已。”

我们也何尝不是这样，当你觉得自己的梦想无论怎么努力都遥不可及的时候，那就不要再盲目使劲了。调整一下梦想，找到适合自己的发展方向，才能成就一番事业。因此，我们应做到以下几点：

（1）时刻提醒自己，保持对自我状态的敏感性。

人在做一件事的时候，往往会有先入为主的想法，这个时候要注意，不要一味地以为自己坚持的一定是对的，当自己状态不好的时候，适当地转个弯，也许就能碰到更加精彩的人生。

（2）解放思想，树立新观念。

一些从小就被灌输的观念会束缚我们的头脑，因此必须解放自己的思想，树立新的观念，不要教条主义。放开自己，寻找合适的方向，才能让自己的付出有价值，不做无用功。

第十四章

进阶：让你身价倍增的时间管理法

很多时候，一件事情能不能做成功，时间的把握往往是最关键的。尤其在职场上，如果你不懂得掌控时间，那效率就永远提高不了，同时你脑海中所想象的成就也就永远只是一句空话。锻炼自己把握时间的能力，让自己变得更加睿智和高效起来，那么成功定然离你也就不远了。

你与牛人只差在对时间的态度上

前些日子在知乎网上遇到了一个有意思的问题，有人提问说“穷人和富人之间最大的差别是什么？”一位朋友答道：对时间的观念，穷人花时间省钱，富人花钱买时间。听起来似乎还真是那么回事，这可能也算是对时间的一种思考吧。

时间是我们最常接触的词汇，我们歌颂它公平，因为它对任何人都是一样的，无论贫富、美丑、高矮、胖瘦……一分钟就是一分钟，在谁手里都是60秒。那么，为什么在这短短几十秒的时间里，有人穿着华丽的礼服在高档会所里推杯交盏，有人在烈日下行色匆匆呢？也许你会说：“没办法，人家牛，是做大事的人。”那么，你是否想过自己和这所谓的“牛人”又差在了哪里呢？

事实上，你们之间的差距就在对时间的态度上。你默念“明日复明日，明日还很多。”他暗想“一寸光阴一寸金，寸金难买寸光阴。”于是，你们的差距出来了。

苏格拉底曾经说过：“当很多人在一条大路上徘徊不前时，他们不得不让开一条大路，让珍惜时间的人赶到他们的前面去。”走到了前面的那些人，渐渐地就成为了大家羡慕的牛人，他们自信、积极、有魄力，但是他们存在着一个共性，那就是他们都拥有一个好的习惯——珍惜时间。

他们做事很讲究效率，不浪费一分一秒。你在打电子游戏，他们在拓展交际圈；你抱着言情小说欲罢不能，他们读着财经杂志俯首沉思；你嗑着瓜子谈天说地，他们慢跑健身听着英语。你觉得一分钟而已，过去就过去了，一天二十四小时，一千四百四十分钟，浪费几分钟又能怎样？于是又有了你路上听着歌儿，午间发着呆，慢慢悠悠、滋滋润润地过完一天；而他们可能在这些边角料似的时间里，读了十几页书，锻炼了口语抑或者将手上的零碎工作完成了。

这些细小的差别，标志着别人对时间的认真和重视，所以，他们才成了成功人士，成了“牛人”。当然，牛人不仅仅是珍惜自己的时间，也更加珍惜别人的时间。每次同别人会面，他总是早几分钟到，既显示对别人的尊重，也彰显自己的涵养，守时的人给人的第一印象一定会比迟到的人来得靠谱的多；在工作中和别人谈话时，尽可能地言简意赅，简明准确地表达自己的意思；会议上，直击重点，不拖沓，不说废话等等。

其实，这类人更加懂得如何让自己的时间更有价值。他们在生活中深刻地贯彻“好钢用在刀刃上”的道理，聪明地远离琐碎，保持焦点。

一位年轻的小伙子初出茅庐，找到了一份推销油漆的工作，他对这份工作很重视，作为职场新人，他常常加班，勤勤恳恳，踏踏实实地干了一个月。月末的时候，他发现自己仅收入了一百六十美元，这令他很沮丧，但是他并没有一蹶不振，而是仔细分析了自己的销售图表，他发现自己八成左右的收益来自大约两成顾客，但是自己花费在每位顾客身上的时间是相同的。

经过一段时间的认真思考，他向公司提出请求，将一些不是很活跃的顾客分派给了其他的业务人员，自己专心盯住那部分活跃的顾客，并将自己的时间分为两部分，一部分用来充实自己，等到和顾客打交道的时候可以有所倚仗，容易找到突破口，另一部分时间则是花在和顾客的约谈推销上。不久之后，他的销售成绩在众多销售人员中脱颖而出。

那一部分活跃的顾客就是他的焦点，专注于这些人，将他推向了成功，最终，他成为了这家公司的主席。这也就是著名的二八法则的成功运用。

对待时间态度的不同，决定了你的位置。如果你想游走于这个社会的上游，那么你一定要抓牢时间，珍惜时间，重视时间。

“时间是上帝给你的资本，命运之神是公平的，他给每个人的时间都是公平的，不多不少；但成功女神却是挑剔的，她只让那些把 24 小时变成 48 小时的人接近。”这说明了时间的珍贵，也表明了时间对成功的重要，对如此宝贵的时间，你怎么能不重视呢？

用积极的态度对待时间，你将会收到时间给你的丰厚馈赠；用消极的态度对待时间，你可能就要面对生活中的窘迫。

对待时间，我们要怎样利用，才能离牛人的距离更近呢？

（1）把握重点，远离琐碎。

善于利用时间的人都会对琐碎的事情保持一定距离，进而专心致志地抓住焦点。这就好比在浩瀚的海洋中，我们只能选择一艘船来航行，那么选择哪艘船就显得十分重要。有一位经济方面的学者曾经说过，要保持焦点，一次只做一件事，一个时期只有一个重点。而现实生活中的我们，常常把大多数的时间和精力花在了并不是很重要的事情上面，这会大大降低时间的利用效率。养成习惯将自己生活中的事罗列一下，分清主次，运用二八法则，提高自己的生活效率和质量吧！

（2）拒绝拖延，现在就做。

美国一位商业界成功人士在一次采访中被问到成功的诀窍，他只说了四个字“现在就做”。拖延或者推迟开始是浪费大量时间的主要原因，有很多人做事喜欢等等看，觉得自己观察一下周围的人是怎样的很有必要，事实上则是不然。别人如何和你没有任何关系，好的机遇和状态也不是靠等就能等出来的，这种惯性等候没有太多的实际意义。养成想到就去做的良好习惯，拒绝拖延。

（3）巧用边角料，集成大智慧。

生活中很多零碎的时间常被人们忽略，比如上厕所的时间，等车的时间，坐地铁的时间……将这些零碎的时间利用起来，不久的将来，你一定会有大收获。聚少成多，集腋成裘，这些时间的边角料拼接起来也可以有大用途，成为生命中一笔丰厚的财富。

养成好的习惯，将时间利用得彻底，你的人生才能肆意地漂亮。你和牛人只是差在对时间的态度上，端正自己的态度，努力成为下一个牛人吧！

“等一等”的心态，得到的只是“永远不能”

“时间还有的是，等等再说吧。”“这件事情不着急，明天再做也来得及。”这样的内心独白相信很多人都有过。但是时间真的还有的是吗？明天又是不是真的来得及呢？这种“等一等”的心态其实是一种严重的拖延心理，时间长了就会让自己陷入拖延的恶性循环当中。在别人眼中，你也只是一个只知道等待，不知道行动的失败者，长此下去，自信心也会消磨殆尽。

“等一等”从根本上说就是拖延，是一种心理疾病。有“等一等”心态的人，在生活和工作中找不到动力，总是喜欢把事情向后拖，尤其是对于一些自己不喜欢或者比较难处理的事情，总是能拖就拖。对于那些容易完成的事情也不放在心上，因为比较容易，所以总认为在最后一刻来做也来得及。正因为把什么事都拖到最后来做，他们的工作效率可想而知。被“等一等”困扰的人，普遍没有掌控自我的能力，懒惰的心理一直阻碍他们成功。

有太多的人认为，等待只是为了寻找最佳的出手时机，加之人类天性中的纠结与多疑，以及“三思而后行”的古训，我们总能为自己的等待寻找到冠冕堂皇的理由。就好像如果没有“等一等”，总有一天会为自己当时的冲动而后悔。殊不知，人们因为等待而体悟到的后悔要比“冲动”而体悟到的后悔多得多。

习惯于等待的人往往是没有时间观念的人，他们在做事情的时候也没有切实可行的计划，全凭自己的好恶，而不是依据事情的轻重来规划。他们习惯于把事情推到最后一刻不得不做的时候才动手，被不得不做的心态驱使，工作的质量也就可想而知。

韩聪是一家广告公司的策划，论工作能力也算得上是出类拔萃，但是他有一个很不好的习惯，就是做什么事情都要“等一等”，仿佛不到最后一刻，他就没有工作动力一样。虽然每次都能在最后时刻交上策划案，但是这样的工作习惯让策划部的主管非常不满意。

什么事情都要“等一等”仿佛成了韩聪的工作常态，没有等待他好像就不会工作。其实韩聪并不是因为能力问题而无法立即开展工作，而是拖延的心态已经成为了他的习惯，他已经陷入到拖延的恶性循环当中。当面对纷繁复杂的工作时，他的内心就会开始烦躁，无法将注意力集中到手头的工作上，对于需要处理的事情也是能拖则拖。

对于自己不喜欢处理的策划案则更是如此，内心的抵触情绪让他不断拖延，想要寻找一个合适的机会来处理掉自己厌恶的策划案。但是对于这个讨厌的策划案，仿佛永远没有合适的时机，也只能被拖到最后时刻才被“重视”起来。

处于拖延状态的韩聪也会给自己找一些事情做——收拾办公桌，找同事闲聊，以此来逃避那些重要的工作。这让他周围的同事苦不堪言，往往是刚刚有了一些思路，就被韩聪打断。同事们渐渐地开始对韩聪表示出不满，“韩聪！你个大闲人放过我吧，我这里还一堆事情要处理。”“韩聪，不要打扰我，我没时间和你闲聊。”面对这样的情形，主管也一次次地对韩聪提出批评，但是收效甚微。

终于，韩聪也因为自己的拖延尝到了恶果。由于一等再等，他将一份策划案做得一塌糊涂，让客户非常不满意。主管也对韩聪忍无可忍，最终在一次晨会之后解雇了他。

生活当中也有很多人因为等待而丧失美好的东西。对于那些处于暗恋状态的人，等待往往会演变成什么也等不到。有太多处于暗恋的人一再告诫自己要表白，可又一次次推翻自己的决心，认为时机还不成熟，应该等待合适的机会。就在这一次次等待中，自己暗恋的人最终和别人牵手，自己只能在一旁暗自悔恨。

“等一等”的心态往往会造就一个人的失败，因为你在等待的时候，别人却在不断进步。时间不会等你，等下去的结果只能是让自己一步步堕落。

“等一等”的人，总是把希望寄托在明天，可是人生能有多少个明天，而且将事情拖到最后一刻来完成，质量又怎么会有保证？要杜绝“等一等”的心态只能从思想深处着手。只有从内心拒绝了拖延，才能在面对困难的时候不再拖延，人生也才能一步步地向前。

善于统筹，实现时间最优使用

生活和工作当中，有很多人认为自己的时间很多，总是一副不急于一时的状态，因此在做事情的时候能拖则拖。事实上，我们的时间并不充分，扣除吃饭、睡觉、休闲娱乐之后，你用于学习与工作的时间不过三千六百天，也就是十年，是一个人一生的八分之一到七分之一。因此，我们的人生并不漫长，不足以让你我随意挥霍。

人的一生看似很长，但是能有效利用的其实并不多。对于这有限的时间，是要拖拖拉拉，得过且过；还是要认真对待，统筹规划，让时间得到最合理的利用。对时间不同的态度，也会被时间给予不同的回报，它决定了你的人生是平淡无奇，一事无成；还是精彩纷呈，站在成功的顶点。

但是，在现实当中总会有那么一部分人，遇到困难或者自己不喜欢的事情时就会为自己寻找各种借口拖着不做。到了不得不做的时候，他们又开始抱怨工作难度大、时间不够等等，再次为自己的失败找借口。其实造成这种局面的根本原因是他们不懂得统筹规划合理的利用时间，而是在拖延的过程中浪费了大把的时间。

纵观那些成功的人士，无一例外都是善于规划时间的人，他们能够让时间发挥最大的效益。其实在这个世界上没有什么绝对的公平，要说绝对的公平就是时间，每一天对任何一个人都是公平的，那就是在这一天都拥有24个小时。但是并不是每个人都能把这24个小时合理利用起来，多数人会在拖延中浪费大量的时间，只有少数人能够将这一天的每一分每一秒利用起来，为自己创造价值，他们也因此而成功。

合理统筹时间，拒绝拖延，不仅可以提高我们的工作效能，还能让我们享受美好的生活和娱乐。认识到时间的重要性能够合理管理时间的人，做事情的时候往往是事半功倍。而不重视时间管理，将时间搞得混乱不堪的人，做事情的时候总是事倍功半。

每个人的每一天都是24个小时，没有谁会多一分或者少一秒。既然时间是既定的，无法改变，那么要想让自己能够在有限的时间里做更多的事，就要合理地安排时间。那些理性的人，懂得时间珍贵的人，往往会统筹规划，将自己的工作进行理性的分析，分清其中的主次，重要的、不重要的，以及不必要做的。然后以此来制订一天的工作计划，并按照计划认真地执行下去。这些理性的人，能够让一天的时间发挥出最大的效用，而他们也最能抓住成功的机会。

然而事实并非如此，人类身上的惰性让我们在面对一些重要事情的时候总是选择逃避，选择拖延。还有就是我们避重就轻的习惯，我们每天都面临各种选择，要处理众多的事情。在这个时候，我们往往会选择自己感兴趣的那一部分，而不是对工作来说最重要的那一部分，而时间也被大量地消耗在那些无关紧要的事情上。

时间对我们来说非常宝贵，因为每一天我们只有24小时，但是用于工作的时间还不到三分之一。对于这有限的时间我们能做的就是合理安排，充分利用，拒绝拖延，以求让这短短的一天能够发挥出最大的功效。只有将每一天都充分利用起来，才能最大化地实现自己的人生价值。

统筹时间，合理利用是成功的一个前提。有很多聪明的人无法取得成功就是因为将聪明用错了地方，他们希望凭借自己的小聪明来抵消别人的努力，以取得和他人相同的成果，然而时间不会撒谎，不尊重时间的人，也必定会被时间抛弃。而一些不太聪明的人却能够认真地对待每一分每一秒，让时间得到充分的利用，成功当然也不会辜负这样的人。

成功人士的时间管理术

时间是人生最宝贵的财富，情商高的人知道时间的重要性，将时间视为生命。他们不会说“等一会儿再做”，更不会说“明天再做”，而是说“现在就做”。

重要而紧急的事情必须抓紧去办，这样才容易把控好进度，并在短时间内看到效果。在情商高的人眼里，任何浪费时间的行为都是慢性自杀。如果你想成为高效能人士，首先要懂得珍惜时间，管理好时间。

本杰明·富兰克林是科学界的泰斗，曾获得哈佛大学的荣誉学位。

有一位年轻人提前约好时间，准备登门拜访。到了约定的时间，年轻人很守时地来到了富兰克林家。只见房门是打开的，屋子里乱七八糟的。富兰克林看到年轻人之后，说道：“你现在看着时间，请给我一分钟。”

说完，富兰克林关上了房门。一分钟之后，房门打开，房间已经收拾得非常整齐了。随后，富兰克林将年轻人请进屋里，递过来一杯红酒，说道：“喝完你就可以走了。”

年轻人有些摸不着头脑，他想请教的问题还没问呢，怎么就让他走呢？富兰克林笑了笑，说道："你想请教的问题，我已经给你答案了，不是吗？"年轻人略加思索，明白了。

年轻人谢过富兰克林，离开了。后来，这位年轻人也成了一名科学家。那么，富兰克林到底给了年轻人什么答案呢？原来，富兰克林用自己的实际行动告诉年轻人：不要小瞧一分钟，一分钟可以做很多事情。年轻人在得到这个答案之后，倍加珍惜时间，并取得了很多成就。

这件事让我们明白，任何取得成功的人无不是珍惜时间的人，唯有把握好时间、管理好时间，才能不断取得成功。这一点，许多成功人士已经用事实证明了。那么他们是如何管理好自己的时间的呢？

第一，养成提前制订计划的习惯。

每天需要处理的事情太多，如果不提前做好计划，一定会感到混乱无比，手忙脚乱。如此一来，必然会浪费很多宝贵的时间。如果提前做好计划，安排好每件事情，那么一切都会有条不紊，效率会大大提高。

第二，做到"今日事，今日毕"。

做任何事情都要坚持"今日事，今日毕"，绝不拖延到明天，千万不要放纵自己养成拖延的坏习惯。无论遇到什么困难，都要想办法解决不要找借口，不要一拖了之。

第三，注重办事效率。

"提高效率"是另一种意义上的珍惜时间。如果一个人看起来很忙，把别人喝咖啡的时间都用在了工作上，然而效率太低，这仍旧不值得夸赞。

人与人之间的学识、素养有时相差并不大，有的人之所以有所成就，是因为有科学的时间管理术。懂得时间的宝贵，充分利用好有限的时间，会改变你的命运。

一寸光阴一寸金，寸金难买寸光阴。时间是最宝贵的财富，它存在的意义，就是为了让人珍惜眼前的分分秒秒。如果我们不珍惜时间，那么随着时间的流逝，梦想就会一点点枯萎，生命的意义也会随之丧失。

第十五章

建立积极的心理暗示：把生活折腾成自己想要的样子

积极的心理暗示要经常进行，长期坚持，这样它才能自动进入潜意识，影响意识。只有潜意识改变了，才会成为习惯。当积极的心理暗示成为习惯时，你就会发现，生活中并没有那么多让自己烦闷发愁的事情。同时，我们的生活也会变得充满精彩和活力。

学会给心理“排毒”：建立积极的心理暗示

每个人都带着一个看不见的法宝。这个法宝有两种不同的力量，这两种力量都很神奇，它会让你鼓起信心和勇气，抓住机遇，采取行动，去获得财富、成就、健康和幸福；也会让你排斥和失去这些极为宝贵的东西而变得一无所有。这个法宝便是心理暗示。

我们一定还记得鲁迅先生笔下的那个阿Q，阿Q其实是个聪明人，他的“阿Q精神胜利法”实际上就是一种积极的心理暗示，如果我们在特定的时期和场合中运用这种方法，对心理的调节是很有疗效的。

一个人可以通过积极的心理暗示，自动地把成功的种子和创造性的思想灌输到潜意识的大片沃土中。相反，也可以灌输消极的种子或破坏性的思想，而使潜意识这块肥沃的土地满目疮痍。

曾看过这样一篇报道：有一个人被无意中关进了冷藏车。第二天早上，人们打开冷藏车，发现他已死在里面，身体呈现出冻死的各种状态，而实际上，因冷冻机有问题，这辆冷藏车并没有处于制冷状态，车中的温度同外面的温度差不多，根本就不可能冻死人。

当人处于一种陌生、危险的境地时，会根据以往形成的经验，捕捉环境中的蛛丝马迹，来迅速做出判断。这种捕捉的过程，也是受暗示的过程。例如，当面临困难的时候，人们会自我安慰：“马上就过去了。”从而减少忍耐的痛苦。而当人们在追求成功时，会设想目标实现后的情景，这一情景对人也构成一种暗示，它为人们提供动力，提高抗挫能力，保持积极向上的精神状态。被关进冷藏车之后，因为不知道冷冻机有问题，这个人会不断地担心自己要被冻死，这种意识对他的身心产生了影响，最后他就真的被自己内心的恐惧冻死了。

对待周围事物的态度往往反映了自己的心智。相反，对周围人与事评价的改变同样会影响人们的心态。多去赞美周围的事物，把眼光集中于积极方面，就会不自觉地向自己传输积极的暗示；而如果把眼光局限于事情的阴暗面，则会受到消极的心理暗示。所以，适当调整对待周围人与事的态度，会大大影响自己的心理暗示。

任重是一家医院的医师，这天，医院里住进了一位年迈的老太太。傍晚时分，老太太找到值班的任重："医生，很抱歉这么晚来打扰你。我的安眠药吃完了，怎么也睡不着觉，不知道你能不能给我找一些？"

靠吃安眠药维持睡眠的人大多是一些心理或生理上的病变，任重本想拒绝对方，但他看到老太太十分疲惫的脸庞，十分不忍心，这个时候，他突然灵机一动："医院里刚进了一批进口的特效安眠药，但我不知道放在什么地方了，您先回病房，一会儿我给您送过去。"

老太太走后，任重找出一粒维生素片，送到了老太太的房间，并告诉她："这就是那种进口的特效药，您吃了之后一定能睡个好觉。"

老太太接过药片，谢过任重后，高兴地服下了那粒"特效安眠药"。

第二天早晨，老太太兴奋地找到任重："昨晚的安眠药效果好极了，我吃完很快就睡着了，而且睡得很好，好久都没有这么舒服地睡觉了。"

任重用一粒维生素片就让老太太进入了梦乡，这也是心理暗示的作用，由于老太太对医生的信赖，因此丝毫没有怀疑"特效安眠药"的真实与否，在强烈的心理暗示的作用下，那粒维生素片竟然产生了同安眠药一样的效果。

积极的自我暗示，意味着自我激发，它是一种内在的火种，一种流动快捷的自我肯定；它可以使我们的心灵欢唱，建立自信，走向成功。自我暗示的方法很多，每个人遇到的压力不同，自我暗示的方法也不会相同。

你可以经常用一些诸如“我能行”“我一定能渡过难关”之类的话语来激励自己，增加自信；你可以经常把自己推崇的伟人的资料输入自己的大脑，用他们奋斗的精神来激励自己。

你可以保持强烈的欲望。若有很强的欲望，则会为了要实现的目标而付诸行动，纵使有障碍物，也绝不会改变最初目标。

设定预想的困难。事先把困难考虑到，当真的障碍物横亘面前时，便不会气馁、灰心，即使受到挫折，因为事先有心理准备，也不会轻易放弃。

决定终点线。量化目标，让自己经常品尝成功的喜悦，能有效地增强自信。

经常进行积极自我暗示的人，在每一个困难和问题面前看到的都是机会和希望；而经常进行消极自我暗示的人，在每一个希望和机会面前看到的都是问题和困难。只要你能时常给予自己积极的心理暗示，美好的人生就不难成就。

用“苦乐原则”来增强自控力

一位哲人曾经说过，成功的秘诀在于懂得如何控制痛苦与快乐这股力量，而不为这股力量所反控。

成功最大的敌人其实并不是缺少机会，不是资历浅薄，而是缺乏对自己情绪的控制。愤怒时，不能制怒，合作者望而却步，哪还有成功而言？

人们做任何事情，不是为了追求快乐，就是为了避开痛苦。世界著名潜能大师安东尼·罗宾在他的《唤起心中的巨人》一书中曾详尽且精辟地论述过“追求快乐逃避痛苦”这股力量是如何影响每个人的。对大多数人来说，逃避痛苦的力量远远大于追求快乐的力量。已经尝到了痛苦但仍不改变的原因是他们的痛苦还不够，还没有达到促使他们行动的程度。如果痛苦已经大到让他们难以忍受，他们必将做出改变。这时，便是证明自控力提高的最好时刻。

如果心里充斥的都是些痛苦的情绪和不愉快的记忆，人往往会萎靡不振。所以，把一些无谓的痛苦扔掉，快乐就有了更多更大的空间。这就是“苦乐原则”的真谛。

如今，多数人身上都背负着各种各样的压力，承受着各种各样自身难以解决的问题。人们似乎每天都在辛苦奔波，奔波久了，内心被压抑的情绪笼罩着。

其实，工作的压力、生活琐事的烦躁等，不单只是痛苦的，其中还存在乐感。例如，复杂、慌乱的环境往往会使人感到身心疲惫，这时，来一段美妙的音乐，会使人从这种烦躁的心绪中解脱出来，让人内心的一切烦恼在短时间内烟消云散，将其带到一片净土，让烦躁的心平静下来，忘记痛苦，忘记悲伤，忘记生活的不如意。

任曼医学院毕业后被分配到一家儿童医院做见习护士，她是一个富有爱心的人，她对待医院里的孩子就像对待自己的弟弟妹妹一样。在这些孩子当中，她尤其喜欢一个叫米粒的患有传染性疾病的小男孩。

米粒有一双明亮可爱的大眼睛，乌黑的头发柔顺地覆盖在他红润的面颊上。在任曼的眼中，米粒就像教堂玻璃窗里的小天使。

其实，米粒是一个可怜的、孤独的、内心充满恐惧的孤儿。每当看到他那渴望的眼神，任曼总是忍不住地偷偷流泪。当她哄米粒睡觉的时候，甚至梦想有一天自己能够成为米粒的母亲。

由于工作需要，任曼被外派到一家疗养院工作了一段时间，外派工作结束时，她买了很多可爱的玩具，一想到米粒看到玩具时开心的样子，任曼便会笑出声来。

回到医院后，她马上去米粒所在的病房，然而，米粒的床被整理得干干净净，床上空空如也。

“米粒到哪里去了？”任曼焦急地询问值班护士。

“他在上星期五的夜里死了。”护士好像在回答着一个很古老的问题，没有一点表情。

任曼如同听到了晴天霹雳，失魂落魄地走进护士休息室，在那儿，她竟然号啕大哭起来。

“上班的时间到了，”护士长走过来严厉地对任曼说，“擦干你的眼泪，开始工作。”

听了护士长的话，任曼所有的伤心和难过全部都发泄到了眼前这个她认为“冷酷且冷漠”的女人身上。

“米粒短暂的一生就这么结束了，他是多么不幸啊，你关心过他吗？你像母亲一样爱过他吗？你没有，而我爱他，爱那个只有五岁却死了的孩子。”任曼冲护士长大声喊道，眼泪像洪水一样从她的脸上流淌下来。

“小任，”护士长轻轻地把一方手帕放在任曼膝头，她的声音不再冷漠，甚至有些沙哑，“在工作中，我们会遇到很多像米粒一样的孩子。如果我们没有自控力，控制不住自己的感情，我们根本无法从事这份工作，你和我一样，都为小米粒难过，但我们必须学会控制自己的情绪，不断去寻找方法宽慰自己，使自己更理智地面对悲剧。这样我们才能更好地去对待其他的孩子。”

护士长把脸上的眼泪擦干，继续对任曼说：“米粒并不是孤独地死去，死神是从我的怀里把他带走的。”

护士长和任曼默默地坐了几分钟，然后，她们抹去脸上的悲伤，带着微笑走出休息室，去爱和关心所有由她们看护的孩子。

其实，缺乏自控力，我们会因痛苦的事情而情绪低落，而从更痛苦的事情转向稍微不痛苦的事情，“苦乐原则”一直在起作用，但是在趋向于中间状态时，它更趋向于制造快乐。

苦与乐是各种因素共同作用的结果。一个人对苦与乐的敏感性在很大程度上取决于他先天与后天的身体特质，也就是说，用“苦乐原则”提高自控力的时候，会受到快乐、体力、耐力、性别、年龄、地位、教育、知识、道德、宗教等因素的影响。

人们做任何事情都是为了追求快乐，逃避痛苦，如果我们想增强自控力，就必须将不改变和痛苦连接起来，将改变和快乐连接起来，也就是说，要清楚地知道不改变会带来哪些痛苦及改变会带来哪些快乐。

建立新的心智模式

有时候，生活总是赋予人太多的负荷，让人叫苦不迭，很多人会感觉到力不从心，甚至会痛苦不堪，进而感叹：人生总是有太多的无奈，生活总是有太多的不如意，人世间有多少人能够真正活得逍遥自在呢?

要活得轻松，活得逍遥自在，便要建立新的心智模式。心智模式是影响我们对现实感知、态度、观点和看法的心理规则。通常情况下，心智模式影响着我们的决策和行为。

《列子》一书中有一个“疑人偷斧”的故事，讲的是一个人丢了一把斧头，他怀疑是邻居家的一个孩子偷的，便暗中观察这个孩子的言行，在他看来，那孩子的一举一动都像是偷他斧头的人。后来，这个人在自己家中找到了丢失的斧头，这时候，他再看到邻居家的孩子时，怎么都觉得他不像是会偷他斧头的人。

这个故事中丢斧头的人就是受心智模式的左右，心理模式发生了变化决定了这个人的看法和情绪。从上面的故事中也可以看出，人的心智模式不一定是正确的，不正确的心智模式常常成为人们认知世界的障碍。

心智模式很容易建立，而且并不是一成不变的，它受礼节、风俗、价值观、偏见、信仰、习惯、先入为主、经验等的影响，当心智模式改变了，便进入了“归零”的境界，然后一切从头开始。

心智模式没有绝对的对错、好坏之分，它是一把“双刃剑”。心智模式是人们在特定的环境中基于自己的经历形成的，如果环境没有太大的变化，心智模式也不会改变；而一旦环境发生了根本性的变化，用原有的心智模式去观察、思考和行动就会处处碰壁。所以，人们需要定期审视自己的心智模式，如果发现心智模式与环境不再匹配，便有必要改善自己的心智模式或是建立新的心智模式。

但是，心智模式具有自我增强的特性，一旦形成便根深蒂固，难以改变。那么，该如何改善和建立新的心智模式呢？

（1）自省与反思。自省是改善和建立新的心智模式的核心方法。通过自省，我们会发现自己内心深处隐藏的成见、假设等，通过自省，我们还可以以开放的心灵接纳不同的意见，进而建立新的心智模式。

（2）学习。通过获取新的信息，开阔自己的视野，掌握更多的规则，借鉴新的观念，可以更新“思考路线”，形成新的习惯，修正自己的“价值导向”。总之，通过学习，人们可以建立最合适的心智模式，增强自控力。

（3）碰壁。当旧的心智模式行不通时，据此做出的对策和行动便会处处碰壁，这时，要做到不回避、隐藏问题，而是积极地面对问题、困难与挑战，积极地分析原因，尤其是反思自己内心的心智模式，这是个人学习、提升的重要契机。

（4）更换新的环境。人们长期在一种熟悉的环境下工作和生活，是很难产生新的灵感的，这时，人们可以有意识地创造条件，让自己有在各种环境下工作、生活或旅行的经历，体会各种自然和人文景观、文化、风土人情、生活方式，获得新的知识。

（5）与人深度沟通。与他人的交流，往往会令人“豁然开朗”，正如人们常讲的“听君一席话，胜读十年书”。与人沟通时要摒弃自己的成见，悉心倾听，并进行深入的理性思考，借以发现隐藏在事物背后的真正规律。

改善和建立心智模式的方法本质上都是自我持续“修炼”的过程，是一个学习的过程，而且学习也贯穿于建立新的心智模式的全过程之中。

我们每个人都有心智模式，每时每刻都受心智模式的影响。如果不能驾驭心智模式，我们就会成为“心智的囚徒”；善于驾驭并改善心智模式，我们才能成就“全新的自我”。

第十六章

人生态度当如是，不找任何借口

遇到挫折，无论怎样寻找借口，最终都是徒劳无益的，只有在失败时吸取教训，总结经验，调整方式方法，才能最终解决问题。抛弃找借口的习惯，我们就会迅速成长起来，成功自然会离我们越来越近。

不要拒绝看似不可能完成的任务

1927年，鲁迅先生在《无声的中国》一文中写道："中国人的性情总是喜欢调和、折中的，譬如你说，这屋子太暗，在这里开个天窗，大家一定是不允许的，但如果你主张拆掉屋顶，他们就会来调和，愿意开天窗了。"后来，人们将这种心理叫作"拆屋效应"。

人类有两种本能：战斗和逃跑。毫无疑问，战斗需要消耗更多的能量，因此逃跑成为人类生存下去的有效手段。但是，周围环境在不断变化，如果故步自封，就将面临被淘汰的压力。

当一件看似不可能完成的任务摆在面前时，大多数人出于本能会后退一步，选择把烫手的山芋扔给别人。这样做的结果是，他们可能终其一生都没有勇气向不可能完成的工作挑战。而情商高的人，即使没有在面对"烫手山芋"时主动请缨，也不会说"我做不了"这样的话。

李伟在公司工作多年，虽然没有任何职位，但为人稳重，任劳任怨，得到了公司大多数人的肯定和赞赏。大家都认为，他升职是迟早的事。

有一天，经理得知外地一个小城镇需要公司的产品，便有意选派人员前往。大家都知道这项任务艰巨，纷纷退避三舍，李伟看到这种情况，就主动承担了这项任务。

不出所料，李伟在小城镇接连遭遇挫折。他在该城联系了几家工厂，虽然事先和几家工厂的负责人通过电话，但到那里之后，他发现要和一群素未谋面的人建立信任、达成共识，并签下合同，简直太难了。尽管如此，他仍然详细解说了本公司的产品，还真诚地给那些工厂做赢利分析。

这一天，李伟偶然遇到了一个只有一面之缘的客户，虽然并无业务来往，李伟却准确地说出了对方的名字，令客户大为感动，双方很快签署了合作协议。在这个客户的带动下，有好几家公司也和李伟签了约。当他准备离开小镇的时候，签约的客户已经达到了8家。

经理得知李伟要回公司，不仅亲自迎接，还送上了一份迟到的任命通知。原来，当李伟主动接下这个任务的时候，总经理就决定给他升职了。

很多时候，人们会将眼前的困难放大，尤其面对领导分配的难以完成的任务时。殊不知，这样的任务虽然要求很高，但上司的心理期望值并不高。

此时，如果你习惯性地说“我不行”，领导可能会觉得你真的不行，以后就不会给你派任务了。这样一来，你虽躲避了挑战，但同时也失去了机会。相反，如果你先把工作接下来，然后抱着“这个我做起来有点难，但是我会努力”的心态做事，最后就会有超乎想象的收益。即使完成得不够好，你也不会损失什么。

“只要有无限的激情，几乎没有一件事情不可能成功。”平庸的人喜欢用“不可能”，他们总是说这不可能，那不可能，其结果就是真的不可能了。

如果你想有所作为，就不要拒绝看似不可能完成的任务，应该用一种良好的应战心态，勇于接受挑战。许多事情看似不可能，其实是功夫未到。请记住：只要去做，一切尽在掌握！

当困难摆在眼前时，人们习惯性在心理上将其放大，这源于人类逃避的本能。我们要勇于向不可能完成的任务发起挑战，只要功夫到了，总会有所收获。

你的“抗挫折”能力有多强

哈佛大学医学家赫伯物·本林认为：“当一个人的身心过分紧张时，

他的机体免疫能力便会下降。”也就是说，过度的压力和挫折会给人的身心带来创伤。要想生存，要想过得更好，就必须学会应对挫折，增强自己的抗挫折能力。

虽然人们不可避免地要遭遇各种各样的困难，但只要能够鼓起勇气，坚持下去，不自暴自弃，用百折不挠的精神和执着的信念朝着目标迈进，终有一天能够摆脱压力的困扰，成就自己。

自己的路要自己走，不要让逆境毁了自己的前程。每个人的头脑中都应该充满积极的信念，绝不能被挫折击垮，更不要将别人挖苦、嘲讽的话放在心上。挫折不过是人生的组成部分，是攀登高峰时所必须经历的挑战。

美国著名电视节目主持人罗斯如今声名远播，但他的主持生涯也并非一帆风顺的，而是经过多年摸爬滚打，凭借出色的抗压能力，才成就今天的辉煌。

罗斯是一个对自己的未来有明确目标的人，很早就立志于播音事业，积极奔走于各家广播电台，但是很长时间里没人聘用他，原因是男性的声音不能吸引听众。尽管如此，罗斯并没有放弃。终于，他在纽约的一家电台找到了工作，但是，由于观念比较守旧，跟不上时代的需要，不久他就被辞退了。

没有了经济来源，罗斯的生活压力很大，可他始终坚持自己的理想。有一次，他去一家国家广播公司应聘，在与主管的交流中，谈起了对谈话节目的构想，而这位主管对此很感兴趣。而当罗斯准备好节目时，这位主管突然被调离了岗位，离开了广播公司，这无疑给满怀热情的罗斯泼了盆冷水。后来，罗斯再一次走进这家公司，向新上任的主管介绍自己的构想。令人欣喜的是，这位主管也夸赞这是个好主意，答应采用他的方案，不过要求他先在政治台主持节目。

这无形之中给了罗斯很大压力，因为他对政治知之甚少，害怕不能胜任。但多次失败的经历使他的抗压能力极强，他调整好心态，积极准备各种材料，不分昼夜地研究练习。终于，他的节目在第二年夏天开播了。在第一天的节目中，罗斯凭借多年的播音经验、平易近人的主持风格，大谈对 7 月 4 日美国国庆的感受，又请听众打电话发表见解。

这种让听众参与的方式引起了很多人的兴趣，一时间，罗斯主持的节目成为最受欢迎的一档节目。罗斯战胜多次挫折，一举成名。如今的罗斯已经创办了自己的电视节目，并担任主持人，观众达 900 万人之多。此外，他还多次获奖，成为美国电视事业上一颗璀璨的明星。

困难和挫折会削弱人的斗志，让人不愿面对工作和生活。我们有必要锻炼自己的抗挫折能力，减小压力对我们的影响从而释放自己，展现自己。人活一世，就要好好享受生活，享受生命。我们应该学习科学的减压方法，让自己的生活轻松起来。

首先，正确地评价自己，不要把目标定得超出个人的能力范围，根据自身条件，完成可以胜任的工作。

其次，要多与人交流，把内心的压力和烦恼倾诉出来，这样可以释放负面情绪，增强自信心。另外，还要多角度审视自己，挖掘自身的优点以弥补不足。

再次，我们应认识到应对挫折的能力可以分解为四个关键因素：控制、归属、延伸和忍耐。控制是指认清自己改变局面的能力；归属是指承担后果的能力；延伸是指对问题大小及其对工作生活其他方面影响的评估；忍耐是指认识到问题的持久性，以及它对你的影响会持续多长时间。

一个人抗挫折能力越强，心理素质就越好，成功的几率也就越大。提升个人情商，有助于培养良好的心理素质与抗挫折能力。

始终保持被激励的状态

有什么样的梦想，就有什么样的人生。你今天站在哪个位置并不重要，你下一步站到哪个位置很重要。在实现梦想的途中，不断设立目标，升级目标，始终保持被激励的状态，你会发现梦想就在不远处。

诺思克利夫爵士被称为“新闻界的拿破仑”，其主办了《泰晤士报》可谓是新闻界的泰斗。在一次公司举办的年会上，诺思克利夫与一名工作人员聊起来，问道：“你来公司多久了？喜欢现在的工作吗？”

“来了将近半年了，我很喜欢现在的工作。”那名新员工回答。

“薪水多少，是否满意呀？”

“一星期 5 英镑，非常满意，谢谢您让我拥有这份工作。”

“事实上，我并不希望员工仅仅满足于每星期 5 英镑的薪水。在将 5 英镑的工作做好之后，我希望你的目标是每星期 50 英镑。”诺思克利夫认真地说。

事实上，很多人都跟这名员工一样，仅仅满足于做好分内之事，曾经为梦想许下的誓言大多抛到了脑后。是他们没有梦想了吗？还是缺乏奋斗的精神？都不是，他们依然有梦想，也依然在奋斗，只是时间长了，信心会削弱，意志会消沉，最后没有斗志了。

一时的精神饱满、斗志昂扬并不难，难的是如何一直保持这种状态。保持被激励的状态才能避免丧失信心、走向崩溃，永远朝着奋斗的目标大步前进。那么，如何保持被激励的状态呢？

第一，永远不忘奋斗目标。

“眼睛所能看到的地方就是你会到达的地方。”的确如此，如果说梦想是一个虚幻的概念，那么目标就是这个虚幻概念中的真实组成部分。实现远大的梦想，首先要确立奋斗目标，将目标始终牢记于心，激励自己持续进步。

第二，从最实际的目标做起。

制定目标时，不能贪大贪多，要根据自身的实际条件，尽量制定切实可行的目标。目标太大，不但无法实现，反而会因此产生巨大的压力，甚至让人喘不过气来。只有从最切合自身实际情况的目标做起，才能不断攻克难关，始终保持被激励的状态。

第三，不断升级目标。

对每一个心怀梦想的人来说，不管当下处于什么状态，只要拥有积极进取的精神和更上一层楼的决心，不断升级目标，就能离成功越来越近。反之，任何止步不前的人，都是另一种形式的退步。

情商高的人能够说到做到，除了顽强的意志，还在于他们懂得自我激励，用目标指引自己前进。

抱怨背后的“心理”机制

每个人都会面临不顺：或遭遇恋人背叛，或在职场上遭遇打压，或时运不济无人赏识，或穷困潦倒前途渺茫……情商高的人面对困难，会乐观地尝试改变现状；而更多的人会用“抱怨”来发泄自己对这个世界的不满。

从心理学角度分析，喜欢抱怨的人内心消极，他们一味地沉浸在自己营造的“悲剧”中，扮演着苦情角色，却从未反省过，从不会意识到眼前的悲剧是自己一手造成的。事实上，抱怨解决不了任何问题，与其把时间花在怨天尤人上，还不如凭借自己的力量积极改变现状。

其实，抱怨往往来自错误消极的心理暗示。爱抱怨的人看待问题很消极，认为生活与自己的理想有很大差距，抱怨情绪便由此产生。研究表明，一个人之所以会抱怨，是因为对所处的状态不满。事实上，这是一种逃避责任或者软弱无能的表现。

45 岁的宋凯是一名基层公务员，尽管已经工作了二十多年，却依然是一名普通的科员。谈到这一点，他总是难掩失意的神色。

二十多年间，宋凯见证了周围很多人的崛起：十几年前，同事王珂辞职下海，从事房地产行业，如今早已经成为身家上亿的房地产公司老板；同学陈峰走的是教学科研的道路，现在已经成为某大学的副校长，不仅受人尊敬，而且收入不菲……相比之下，宋凯似乎没有任何变化，收入也捉襟见肘。

面对如此巨大的差距，宋凯经常愁眉苦脸地抱怨："兢兢业业干了二十多年，就算没功劳也有苦劳吧，结果到头来只能拿这么点钱，还不够陈峰一顿饭钱呢！"尤其是碰到上级检查，不能按时下班，连节假日也要加班时，他的抱怨就更停不下来，"这些领导们真是太过分了，有事没事就搞这检查、那检查，生怕基层公务员过得太舒服……"

每次聚会之后，宋凯都会情绪失落，他觉得自己能力、经验并不比别人差，却混成这样，于是抱怨就成了常态。

宋凯时常表达对自身现状的不满，但却从未做出过改变。他只顾发泄自己的负面情绪，却对他人的艰辛努力和付出避而不谈，缺乏行动的魄力。浑身负能量的人到哪里都无法招人喜欢，没有哪个领导会赏识一个不停抱怨的下属，这才是宋凯没能在仕途上更进一步的重要原因。

倾诉是减轻心理压力、舒缓消极情绪的一个好办法，但凡事过犹不及，无止无休地倾诉和抱怨会让人丧失进取心和执行力，彻底变成失败者。如果不想在"抱怨"中丢失自我，那么就立刻停止抱怨，积极寻找通往成功的路径。

第一，多从自身找原因。

别把不幸归于客观因素，如果你对自身的境况不满，那么不妨从自身找原因：是不是不够努力，是不是当初决策过于优柔寡断……这样的归因方式能够很好地帮助我们发现症结所在，远离抱怨。

第二，立即行动，改变现状。

消极的情绪会吞噬一个人的自信、精力和宝贵的时间，所以转变心态，赶快行动起来吧！与其抱怨薪水低，不如抓紧时间学习、提升自我，让自己变得更有价值。

人生难免经历坎坷，这就是现实。从今天起，做一个不抱怨的人，即便是遭遇委屈甚至痛苦，也不要抱怨，积极乐观地尝试改变现状，才是最明智的选择。

第十七章

接受缺憾与平淡，世界上不存在完美

在生活和工作中，很多人因为怕不完美，怕失败，不敢开始，想要等待最佳的时机。因此，在做事情的时候总是思前想后，不敢行动，结果是一拖再拖，也就在拖延中丧失了最佳的行动时机。千里之行，始于足下。不积跬步，无以至千里。只有行动起来，才能一步步接近自己的目标。

不苛求不强求，一切随缘

佛说：“一切随缘！”若是有缘，时间、空间都不是距离。若是无缘，终是相聚也无法会意。凡事不必太在意，更不需去强求。世间万物皆幻象，一切随缘生而生，随缘灭而灭。就让一切随缘吧！

缘是一种很难说得清楚的东西，是怎样的缘分指引我们走过岁月的千山万水。在生命的际遇里相识相知，人的一生该有多少意想不到的邂逅和机缘啊！其实关于缘分，我们说不出什么，它像快乐和幸福一样，是一个抽象的概念，我们无从解释，更解释不了。

缘来了，缘散了，留下一些美好也留下一些遗憾，在记忆的天空里像一朵淡淡的云，在时光的河流里抹一丝若有若无的痕迹。

我们每一个人都要做一个相信缘分的人，缘来时坦然地接受，缘去时也不强留，于是我们便会在这份顺其自然的心境里寻到一份难得的淡然和恬静。因为我们清楚地知道万事皆随缘而来，又因缘而去，正所谓不要苛求和挽留，人生在世，万事随缘；缘来，不狂喜；缘去，不悲泣。

其实，生命中有很多无法解释的东西，因为无法解释，也就充满了无限玄机，给人以无限的遐思。世间的事仿佛早已安排好了一样，你在生命的驿站遇见哪些人，碰见哪些事，像命运早已设计好了的情节似的，仿佛冥冥中早已有定数。

现实生活中，如若你做到不苛求不强求，一切随缘，那么，你会收获别样的美好！

缘分像一个网，将人的万千情怀，一网打尽。命中有时终须有，命里无时莫强求，学会淡然地看待一切，以平静的心态接受生活公平的或者不公平的待遇，接受生活随心或不随心的安排。没有爱情你还有友情，没有了友情你还有亲情，没有了亲情你还有生命，命运垂青于任何一个经得起考验的人，人间的真情会在你孤立无助的时候释放光彩。

世间的一切情缘在聚散中谱写几多悲欢几多愁，离离合合本是生命中按捺不住的跳动的音符，又何必泪湿衣襟。在分别的时候，又何必苦强求，正如生命中的每一个故事，是你的就是你的，不是你的终归不属于你。万事随缘，错过的就让它错过，该来的还要冷静地面对，珍惜你现在所拥有的。最好顺其自然，如果它微笑着翩翩而至，来到你的身边，它会永远属于你，如果它无意降临，你又何必死抓住不放，那么就请潇洒地松手。过多的在意和企盼充其量只是一种无望的负担。

伊在 50 多年前生于清水镇，出生不久便承嗣给叔父，后随父母移居到丰原。伊是一个聪明安静的孩子，从小喜欢一个人静静地沉思：人从哪里来？死了又将到何处去？在这生死之间的茫茫几十载，人又是为了什么而活着。

在伊 16 岁时，他的妈妈罹患心脏病，病情十分严重，需要手术。然而，在医学尚不发达的当时，动手术是非常危险的。伊从小就十分孝顺，小小年纪便每天向观世音菩萨祷告，祈祷菩萨可以帮助自己的母亲顺利渡过难关，战胜病魔。也许是他太过虔诚，伊的母亲术后恢复正常，奇迹般地好了起来，伊对菩萨心存感激，便开始更加虔诚地信奉，开始戒荤吃素。年龄尚小的他，对于佛法并没有深悟，只是出于一片纯洁的孝心。

不幸的是，十年后的一天，伊的父亲突患脑出血撒手人寰，如晴天霹雳一般，这令当时年轻的伊难以接受和理解，他一度难过不能自已。这时他渐渐地发现，人的生死真的不是个人能把握和确定的，生命脆弱，缘很无常啊！

此时的他已经对于佛法有了深一层的领悟，他也想皈依佛门，去寻找生命的答案，去探看一切无常的谜底！三十岁那年，春夏之交，伊经过寺庙旁的稻田，便加入了大家的劳作中，与大家畅谈人生和理想。看到稻子在风中自由摇曳，禅师们讲着因缘的故事给他听，此时他觉得世界就在自己的心里，一切天机了然于胸间。天色已晚，到分别的时候，一位上了年纪的禅师问道："伊，要不要随我们一起走？"伊对禅师的问题毫不惊讶，淡然地答道："好，现在就走！"另一位禅师又问道："没有什么可担忧的了吗？""没有了担忧，一切已看淡。"伊看了看远方，从容地答到。

出发到了车站，禅师问道："往哪里走？向北还是向南？""哪里的车先来就往哪里走，一切随缘吧！"伊安详地说，"车的方向便决定了自己以后的路，一路的追寻也会有个美好的答案。"伊好比一株蒲公英，随风散落于大地，留下了自己的身影。

伊在生命中选择了佛门，选择了一切随缘，他随缘的选择也会让他的人生充满着意想不到的缘。缘就是这么奇妙，该来时不请自来，等到缘尽时便也会自己消失，不苛求不强求，随缘才是好选择。

生命如潮涨潮落，时光的流水终要带来些什么也带走些什么，带来的欣然接受，带走的不做无谓的挽留。学会在自己的情绪里寻求解脱，只要你愿意，你也可以对天边的流云说一声"再见"，也可以潇洒地把一切恩怨化作岁月的云烟，于前行里轻松地追逐梦想和信念，只要能坦然面对人生的得失，又何必在乎缘分的深浅和长短？

计较得太多就成了一种羁绊，迷失得太久便成了一种负担。不必太在意，拥有时珍惜，失去后不说遗憾；过多地在乎，将人生的乐趣减半，看淡了一切也就多了生命的释然。

有缘无分，或有分无缘，都只不过是生命中一段不圆满的缺憾，它不应成为你人生征途上走不出的困惑和茫然。只是世间总有那么多的人执迷不悟，缘来的时候不知如何面对，缘去的时候才开始追悔和抱怨，所以得不到心爱的人便疯狂地报复和记恨。在错过的友情里消融激情和意志，以至于被无穷的愁情烦事所累，失去了活着的乐趣，在痛苦的深渊里无力自拔，日子过得黯淡而苍白。

何必如此呢？漫漫的寒夜终会过去，怀揣一份轻松和坦然，生活便会少一些烦恼和忧愁，该珍惜的就珍惜，该放手时就放手，如果将一切都看淡了，那么人世间也就没有什么可以让你耿耿于怀的事了。不苛求不强求，一切随缘，这是我们恬淡生活的态度！

不拿别人的错误惩罚自己

哲学家康德说："生气，是用别人的错误惩罚自己。"这大抵就是在劝慰人们，面对生活不如意的最好办法，便是不拿别人的错误惩罚自己，而是要选择一种宽广大度的生活态度对待他人、他物、他事。

在现实生活中，无论你是什么工作，学生或上班族；无论你的社会层次如何，富人还是穷人，都不免要面对生活的种种问题。有些是自身问题招致的，我们会选择严于律己，批评自己以寻求最佳的解决办法，而有些，则可能是由于他人的错误而引起的麻烦，这时，我们应该采取何种态度面对呢？相信你肯定经历过。你都是怎么处理的？

我们说不要拿别人的错误来惩罚自己，就是面对这种问题时最好的处理方法，也就是人们常说的，宽以待人。

不要拿别人的错误来惩罚自己是一种心境的修炼。

首先，不要在看到别人的错误后，将错就错地延续错误，或者去犯同样或类似的错误。我们在发现他人错误的时候，应及时善意地提出意见或者至少应该警醒自己，不要犯类似错误或走入同样的雷区。

其次，当别人做错事情给自己带来了困难时，不要深陷其中难以自拔而一蹶不振，要学会及时抽身，脱离困境和烦恼。当身陷困境时，不必去怨天尤人，而应以乐观积极的态度面对，妥善处理问题，自己帮助自己摆脱困境。

杰克是一名初中生，学习成绩在班里一直名列前茅。他性格阳光开朗，乐于助人，在班里的朋友很多，与大家相处得也十分愉快。与杰克一起长大的吉姆是他最好的朋友，两人朝夕相处，无话不谈。两人都很努力上进，在学习上更是不相上下，经常较量，两人虽是最好的朋友，却也是最激烈的竞争对手。不巧的是，两人在同一个班级从小学到初中，每次考试排名都是杰克第一，吉姆屈居第二，这让性格内向又十分争强好胜的吉姆一直妒忌在心。

偶然的一件小事，两人意见不合，激发了吉姆对杰克的憎恨，也加大了两人之间的矛盾，友情危在旦夕。但令杰克没想到的是，吉姆把事情夸大化并扭曲事实告诉了周围的朋友和班里的同学，歪曲的事实使杰克的朋友们对他嗤之以鼻，并认为他并不是一个称职的好朋友。平日信心满满的杰克接受不了这种精神上的打击和心理上的委屈，这以后就像变了一个人，从此性格内向，不善言辞，就连以前令自己引以为傲的学习成绩也一落千丈。

杰克并没有很好地处理这次事件，他用吉姆犯下的错误惩罚了自己，由此一蹶不振，精神迷惘。他却没有想尝试去解决问题，这是不可取的。这是典型的拿他人的错误惩罚自己，其实生活大可不必这样。每个人都有待人处世的方式，吉姆对他的过分做法只是吉姆内心嫉妒的发泄。杰克最好的解决方式应该是想办法让大家了解事件真相，让大家重新认识自己。然而，他选择了沉默，却害了自己。

假设杰克没有选择拿吉姆的错误惩罚自己，而是大胆地说明事件的真相，周围的朋友们大概也都不会如此对待他，与此同时他的性格也不会发生迴然变化，学习成绩也不至于一落千丈。

如此说来，处理问题和解决事情时持有的态度不同，处理的结果也会是截然相反的。

其实，要真正憎恶别人的简单方法只有一个，即发挥对方的长处。憎恶对方，恨不得食肉寝皮敲骨吸髓，结果只能使自己焦头烂额，心力尽瘁。这里所说的“憎恶”是另一种形式的“宽容”，憎恶别人不是咬牙切齿、饕餮对手，而是吸取对方的长处转化为自己强身健体的钙质。

不拿别人的错误惩罚自己，这是人生道路上处理大多数事情的必知哲学。为此，要学会控制自己的情绪，理性地解决问题。不武断，能及时发现错误；不盲目，能够准确地分析错误。真正具备理性思维的人，才能掌控自己的命运，离成功越来越近。

孤独就是面对得失时的一种平和心境

在这个物欲横流的社会，很多人会因为置身其中而心不由己，渐渐地失去自我,失去了内心的平和,取而代之的则是盲目追捧和内心的焦躁。现实生活中有很多这样的人，看着某个行业很有“钱景”，不管自身有没有那个行业的条件和才能,都趋之若鹜地投奔而去,结果落得人财两空;有些人明知自己的兴趣爱好在哪里，却被动地选择大众所以为的前景很广阔的专业，不得不在自己不喜欢的行业生活下去；还有一些人，为了追求奢侈的物质生活，选择有钱人作为自己一生的伴侣，结果却发现两人在一起并不幸福。所以，在这个孤独而又冷漠的社会，无论面临什么样的事情，无论得还是失，我们都应该保持一种平和的心境，这样才能使心情更加舒畅，生活更加美好。

人生在世，难免会遇到很多不平之事，正是这些事给我们带来沉重的打击和压力，让我们身处孤独痛苦之中。其实，有时候失去只是暂时的，它让我们学会怎样去适应这个社会，适应孤独，而在孤独中保持一种平和的心态，会让我们得到很多。我们应该珍惜自己所得到的，而不是苦苦纠结于自己失去的，我们要在孤独之中好好审视自己，真正拥有一颗宽广博大的心。

想一想那些有高尚道德的人，他们都有一颗平和的心，从不计较个人得失，从不被金钱、名誉所累。就算外界有着多大的诱惑或者发生多大的灾难，他们都能一笑而过，泰然处之，这种平和之心不是每个人都能做到的。平和是人内心世界内敛的深刻反省，是面对物质权力诱惑所做出的悄无声息的顿悟，平和是一种高尚的思想境界。而在追求平和的过程中，并不是要你无所作为，而是能够坚守最本真的自己，珍惜自己已经拥有的，放下自己所得不到的。

要想拥有一颗平和的心，必须能够耐得住孤独，受得了打击，不以得失论悲喜，即使身处繁杂的社会，也能将其心置身事外，这样才能守得住自己的灵魂，让自己变得更加自由和纯净。这样的平和是一种境界，能使人们增长见识、增加智慧，拓展心灵空间。可是，我们在这个紧张忙碌的社会里，每个人都在为自己的生计奔波，要想真正做到平和，需要时间的包容，最重要的是需要深刻的自省和内心的领悟。

约翰是一个很有能力的人，他同时经营着好多个公司，但是即使他手段再高明，精力也是有限的，免不了顾此失彼，所以不久之后，他的公司总是出现各种各样的问题，搞得约翰一刻不得清闲。周围好多人都劝他放掉一些生意，可约翰看不开，放不下，还是整天为自己的公司忙碌着。

其中有一个很了解约翰的朋友汤姆，为解开约翰心中的烦恼，他邀请约翰到家里来做客。等约翰到了家，汤姆首先带约翰来到自家后院的菜园里，这是汤姆闲暇时候经营的，种着各种各样的蔬菜。汤姆对约翰说："你不是很喜欢蔬菜吗？这样，你可以随便摘自己喜欢的蔬菜带回家，不过，有一个规矩，就是你摘下来的必须带走，并且，走过的菜地就不能再回头去摘。"约翰一听，有免费的蔬菜可以吃，很是欣喜，而且他觉得这个规矩也很容易做到，便有些急不可待了。

汤姆给他找来一个塑料袋，约翰便钻进了菜园，他最先从地头的黄瓜开始摘起，接着向前摘了些茄子，然后又看到了豆角，便又去摘豆角，可是塑料袋的空间是有限的。眼见着袋子里快满了，并且这些蔬菜加到一起实在是太重，他提不动了。刚要出去，他又看见了最爱吃的西红柿，像这样热的天气，吃个西红柿一定很解渴，而且无论是生吃还是烹炒，都是很好的选择。他想要向前去摘，可是手里的袋子已经提不动了，想要把袋子里的豆角放下换成西红柿，朋友又定下了规矩，不能摘了不拿。于是他只好恋恋不舍地离开了菜园。

汤姆正在园外等他，看到约翰一脸的沮丧，就明白了是怎么回事，于是他故意问约翰："你摘了这么多菜，应该很满意才对，怎么看你一脸失望呢？"约翰一听，便开始抱怨起来："我说你立的什么规矩，为什么摘下来的就必须带走呢？"汤姆笑笑说："这么说没有摘到自己喜欢的菜了？那你知道这是为什么吗？就是因为你太计较得失了。你总想着要无限地得到，一点都不想失去，甚至不管它对你有没有必要。这就像你现在的工作一样，每个项目你都想着赚钱，一个都不肯放弃，可你自己不想想，这么多事情你怎么忙得完，与其每个项目都做不出色，还不如专攻一两个拿手项目，这样既轻松又能有收获。"

这时约翰才明白了汤姆的良苦用心，不错，是自己不能正确看待得与失，才会如此烦恼。之后，他果断地放弃了一些项目，集中精力做自己擅长的工作，他的公司效益越来越好。

在这个追求物质利益的现实世界里，每个人想要的东西都太多太多，而且这种欲望会不断膨胀，以至于一次小小的失去都能崩断你那敏感的神经。而生活本来就是在得与失的交替中进行的，如果你一直在意得与失，终有一天你将不堪身心的负重，而迷失了自我。所以，在得与失的面前，我们一定要把握好自己的方向，不要让永无止境的欲望把自己卷入无底的深渊。只要我们受得了孤独，放下沉重的包袱，前面就是平地坦途。

在孤独中平和地对待得与失，不仅是一种心态，更是一种智慧。孤独不是让人安于现状、碌碌无为，而是教人们淡然地看待生活，淡然地对待得与失。因为，孤独中的人最能了解自己的心，它可以排除人世间的一切杂念，让你忘记身处红尘的一切物质利益，在自己一个人的世界里清醒着。也只有在孤独中保持平和的心境，才不会羡慕权势，才不会追逐奢华，才不会乞求名利，如此才能为自己的生命减负，让自己在轻松快乐中度过一生。

立足不完美，寻找可能实现的愿望

金无足赤，人无完人。在这个世界上，其实并没有什么完美的人存在，即使是那些国际上享誉盛名的专家学者，在某些领域，他们也是有不足的。

1917 年，一位考生参加北大的入学考试。胡适阅卷时兴奋地说："我看了一篇作文，给了满分，希望学校能录取这位有才华的考生。"可校委们查看这位考生的成绩单，数学成绩是零分，其他各科成绩也平平。取弃之际，蔡元培校长力排众议，破格录取他。11 年后，他 31 岁执掌清华大学。他就是罗家伦。

巧得很，罗家伦任清华大学校长次年招生考试时，一名考生国文和英文考得非常好，只是数学成绩不及格。他亲自把这位考生叫到校长室谈话，之后特准其入学。这位考生就是钱钟书。

这些享誉世界的专家学者，他们曾经都经历过不完美的自己，但是他们没有用自己的短板作为衡量人生的标准，而是在正视自己不完美的基础上创造出了辉煌的人生。

不完美并不是一种过错，我们要学会在不完美的身上去发现自己的闪光点，成就出彩的人生，而不是揪着个人缺点不放，非要和自己的不足较劲。那样只会徒增烦恼，还会让自己丧失自信，离最好的自己越来越远。

立足不完美的自己，接受自己，拿出勇气和毅力，才可能在人生的道路上走出属于自己的天地。在自己诸多的不完美中找到完美的一方面，才有可能迈向人生更高的层面。

在现代职场上，有些人打拼了很多年，却依然碌碌无为，因为他们没有把握好自己的优势和劣势，在和不完美的自己较劲，想着即使自己在某方面有不足，但是通过锻炼，一定可以走向成功。我们承认，这样做一定有成功的人，他们克服了自己的不足，走向了人生的巅峰。但是这种都是个例，更多的人成功还是在自己熟悉的领域和擅长的方面。在这个领域里，人们可以少走不少弯路，更容易实现价值。

立足不完美，寻找可能实现的愿望。一方面要求我们接受不完美的自己；另一方面提醒我们，这个愿望应该是一个脚踏实地的愿望。因为我们的不完美，所以很多事情做起来并没有什么优势，甚至是困难的，与其如此，何不找一条适合自己的道路，寻找一个更可能实现的愿望呢？

面对失败，很多人都会说："我实在太平凡了，根本没有什么特殊才能。"千万不要有这种悲观的想法。没有什么人是可以保证自己一定能成功的，一些取得成功的人士，他们只是寻找到了适合自己的道路，所以实现了自己的愿望。他们也有不足的一面，但是在立足自己不完美一面的同时，他们找到了最适合自己的事业，实现了自己的愿望和人生价值。

我们要给自己一些信心，即使那些看起来很不出众的人，也在某些特定的方面有着杰出的一面。柯南·道尔作为医生并不出名，写小说却是名扬天下。每个人都有自己特定的天赋，选择适合自己的事情，你也有可能成就一番事业。

如何在不完美的自己面前，找到一个适合自己的发展方向，寻到可以实现的愿望呢?

（1）接纳自己的不完美，在此基础上发现自己的优点。

当你觉得自己不够好的时候，不要急着否定自己。接纳自己的不完美，并且搞清楚自己的长处和短处是什么，寻找适合自己的发展方向，找到适合自己的职业，在最擅长的领域实现自己的价值。

（2）认清自己，拒绝诱惑。

一些人不愿意做自己擅长的事，反而挑战自己不擅长的领域，很多时候是因为自己擅长的领域效率没有那么高，或者说出去没有那么有面子。这样的情况下，很多人都会选择挑战新的领域。这样做，似乎给了自己一个新的选择，开拓了一个新的人生，但是也有可能将你与成功的距离无限拉大。所以，不要轻易被那些看起来很高大上的事情诱惑。

凡事不必太较真儿

人生如风云，总是变幻无常。早起时“春光潋滟晴方好”，傍晚便会“黑云翻墨未遮山”；今日你“春风得意马蹄疾，一日看尽长安花”，明日就可能“云横秦岭家何在，雪拥蓝关马不前”。所以，没有人的一生是一马平川，万里坦途，生活和工作中难免会遇到令人不愉快和烦闷的事情。当你从人生的高峰跌入深谷时，千万不要钻进牛角尖，那样只能让你越陷越深，最终陷入深渊、无法自拔。

不较真是阅历广、涵养深的表现。凡事斤斤计较，锱铢必较必然是浅薄之人。当他的眼里只看到一朵花的凋谢，他将会失去整个春天的美丽；当他总是对别人的一次错误耿耿于怀，他将很难体会到友谊的真诚和温暖。不较真之人是睿智的、聪慧的，他们懂得在遇到人生的死胡同时，转身寻找其他出路，或者为自己找来几块垫脚石后越墙而过，他们懂得“金无足赤，人无完人”的道理，不过分计较生活的瑕疵，而是去关注生活的全貌。

大河当道，高山阻路时，不要试图拿生命去冒险，绕道前行，你或许能看到更美的风景。当因遇到不愉快的事而情绪不佳时，不要钻进牛角尖，不妨试试转移自己的注意力，比如积极参加社交活动。人是社会的一员，一个离群索居、孤芳自赏、生活在社会群体之外的人，是不可能获得心理健康的。所以，积极参加活动是转移痛苦最有效的方式。亲人的关爱和理解，朋友的支持和帮助，甚至陌生人善意的微笑，都能使你压抑的情绪得到缓解，使你失去平衡的心理得以恢复，使你获得新的思考，增强战胜困难的信心。

人生的所有烦恼都有一个共同点：倘若你越在意它，它就越肆无忌惮地在你周围张牙舞爪。倘若你对它视而不见，它就会收起嚣张的气焰躲进黑暗的角落。所以，凡事不较真的人必是潇洒之人。“水至清则无鱼，人至察则无徒”，太较真之人，眼里揉不进沙子，鸡毛蒜皮的小事也要说个是非曲直，满眼都是不平之事、不喜之人，最终只会把自己与社会隔绝起来。

吉尔和杰登是同班同学。两个小姑娘来自相同的城市，有着相同的爱好，性格都非常开朗，很快就成了无话不谈的好朋友。她们一起吃饭，一起逛街，一起参加社交活动。大学二年级时，她们同时喜欢上了高年级的学长。吉尔喜欢的学长是一位来自韩国的留学生金成灿，有着韩国男生独有的帅气外表。吉尔感觉只要金成灿一笑，她的世界就阳光明媚。杰登喜欢的男孩是一位中国男生成峰，他在美国学习法律，有着良好的修养和中国人特有的温文尔雅。情窦初开的姑娘发疯似地喜欢着外国男孩。她们会制造一起起校园偶遇，在男孩参加的社交活动中找各种理由引起他们的注意，尾随男孩几个小时来摸清楚男孩平时都和什么样的人接触。

在情人节这天晚上，她们两个决定去表白。吉尔和杰登花了很长时间把自己打扮得漂漂亮亮，给彼此一个拥抱然后出发了。凌晨一点，醉醺醺的吉尔回来了，打开灯之后，发现杰登正在墙角哭泣。她上前抱住杰登，说："金成灿学长说他一点都不喜欢我。算了，醉过就没事了。"

杰登说："成峰学长有一个非常漂亮的中国女朋友。呵呵，真的很漂亮。"

情人节的晚上，两个小姑娘一起失恋。吉尔自晚上买醉之后就再也没有提起金成灿，而杰登却钻进了牛角尖。她总是跑去质问成峰为什么不喜欢自己，甚至要到中国去见成峰的女朋友，最后在一天下午她割腕自杀了。杰登钻进了自己设定的笼子里无法走出，失去了年轻的生命。而吉尔没有较真，很快从失恋的痛苦中走出，她的人生还是那样年轻和美丽。

古今中外，凡是成大事者必是豁达洒脱之人，能容人所不能容，忍人所不能忍。不较真之人必然不会目光如豆、斤斤计较，必然不会纠缠于琐事，必然有拿得起放得下的气魄。这样的人才是成大事、立大业的不平凡之人。

多一些体谅，多一些理解，多一些宽容，人生就会多一份友谊，多一份和谐，多一份快乐。凡事不要太过较真，用包容、理解的心看待人生中的缺憾，你会有更大的收获。